北京九龙山
植物图谱

Jiulong Mountain Plants in Beijing

张永安　余　海　贺淑霞　章尧想
辛学兵　汤志敏　刘忠华　胡　青 ｜ 编著

中国林业出版社
CF PH China Forestry Publishing House

图书在版编目（CIP）数据

北京九龙山植物图谱 / 张永安等编著. -- 北京：
中国林业出版社, 2018.7
ISBN 978-7-5038-9633-0

Ⅰ. ①北… Ⅱ. ①张… Ⅲ. ①植物－北京－图谱
Ⅳ. ①Q948.521-64

中国版本图书馆CIP数据核字(2018)第152693号

中国林业出版社·生态保护出版中心
策划编辑：刘家玲
责任编辑：刘家玲　甄美子

出　　版：中国林业出版社
　　　　　（100009　北京西城区德内大街刘海胡同7号）
网　　址：http://lycb.forestry.gov.cn
电　　话：（010）83143519　83143616
制　　版：北京美光设计制版有限公司
印　　刷：固安京平诚乾印刷有限公司
版　　次：2018年7月第1版
印　　次：2018年7月第1次
开　　本：787mm×1092mm　1/16
印　　张：27.25
字　　数：680千字
定　　价：300元

《北京九龙山植物图谱》
编写委员会

编　　著：

张永安　余　海　贺淑霞　章尧想　辛学兵
汤志敏　刘忠华　胡　青

参加人员：

杨德付　马志强　郭铁宝　杨绪平　李恩杰
高　旭　田　华　蔡京艳　孙丽芳　孔庆云
甄春生　王长库

摄　　影：

张永安　贺淑霞　余　海

Preface | 序

北京九龙山自然保护区是华北石质山地森林生态系统的典型代表区，也是北京市森林资源保护的重要场所。由中国林业科学研究院华北林业实验中心管理的 1741.91 公顷山林承担着我国温带暖温带林业科技成果推广试验示范的重任，其中，1333.4 公顷被国家林业草原局确定为北京九龙山自然保护区（部级）。九龙山还是中国林学会林业科普教育基地、北京市和门头沟区中小学生社会大课堂教育基地。由于其特殊的地理位置和环境条件，九龙山还为北京近郊森林水文、森林气象长期生态定位观测提供了合适条件，为华北石质山区典型植被油松林、侧柏林的抚育管理起到了很好的示范作用，也为城市森林的资源管护和森林防火系统科学管理提供了现代化管理的实验场地。

九龙山区地处我国温带向暖温带的过渡地带，属于中纬度大陆东岸季风气候，夏季炎热，春季干旱多风，冬季寒冷干燥，山区植被属暖温带落叶阔叶林带，分为 3 个植被型、12 个群系、19 个群丛，是天然的森林植物种质资源保存库，是北京重要的天然生态屏障，冬天为京城阻挡西北风的袭扰，生长季节为北京提供氧气和湿润的空气等。九龙山植被茂盛，环境宜人，自然资源丰富，植物种类繁多，高等植物就有数百种，有野猪等数十种野生动物，还有牛肝菌、马勃等担子菌数百种。主要优势乔木有油松、侧柏、落叶松、刺槐、栓皮栎、暴马丁香、大果榆等典型的华北山地树种。

《北京九龙山植物图谱》的编制完成历时多年，记录了从低山到高山的各种植物共计 88 科 265 属 382 种。每种植物配有数张原色彩色照片，包括树形、枝叶、花和果实等整体和局部特征，介绍了植物形态要点、生物学习性、分布和用途等。本书作者长期从事生物科学研究，在摄影和特征描述方面均能清晰反映植物的关键特征，使读者能够非常方便地了解植物。

《北京九龙山植物图谱》的作者，是我的同事和好友张永安研究员（曾任中国林业科学研究院森林生态环境与森林保护研究所的副所长，现任实验中心书记）及实验中心的主任、副主任，资源管护处的工程师，以及来自北京林业大学的两位植物学老师。这是一支由张永安带领的富有活力和责任心的中青年科技骨干队伍。他们多年攀越九龙山无数次，力求把每一种植物都记载得准确，以照相获得最佳的色彩、特征记录，使这本图谱保证了其科学性、可读性，以及出版的高质量。

这本由作者们付出大量劳动和心血而完成的《北京九龙山植物图谱》必将对九龙山乃至北京地区的植物区系、植被研究、教学、生产和资源保护起到积极的推动作用，也将为社会全面了解中国林业科学研究院华北林业实验中心以满足科普和资源管护与开发的全面任务和社会功能有所裨益，我欣然为序，并在此对图谱的出版表示衷心祝贺。

中国科学院院士

2018 年 5 月

　　九龙山位于北京市门头沟区龙泉镇、妙峰山镇和王平镇境内，东临永定河，南与潭柘寺镇接壤。九龙山海拔 100~990 米，山势连绵起伏、宛如九条巨龙，故得名九龙山。主峰刺玫花坨，植被茂盛，物种丰富，环境宜人。从九龙山上向东可以俯瞰北京中心城区，向西北可以看到妙峰山、百花山和落坡岭水库等，天气晴好的时候还可以看到河北蔚县的小五台山等更远的地方，真有"一览众山小"的感觉。贯穿九龙山的两条京西古道——西山大道和玉河大道已有上千年的历史，山顶上的历史遗迹九龙庙和峰口庵据说建于明代晚期，地上部分已经毁坏，只有建筑地基遗迹可见，石刻石碑破损严重，部分石碑被当做农田水利设施使用。解放后，九龙山部分山地曾一度成为琉璃渠村、门头口村和黄石岗村等的农田。所以，上千年的人类活动，使得九龙山的植被类型和植物种类被严重干扰，山上已没有了原始类型的林地，现存林分多为人工林，而且多是解放后人工种植的林木，占全部林分的 82.6%，天然次生林仅占 17.4%，植被覆盖率达 78.7%。优势树种油松林占 41%，侧柏林占 21%，华北落叶松林占 3%，刺槐林占 8%，栓皮栎林占 7%，大果榆林占 4%，阔杂林占 12%。 其中，中龄林面积占有林地面积的 79%，近熟林面积占 18%，成熟林面积占 3%。

　　九龙山是北京的天然屏障和氧吧，防风、滞尘作用明显，自然资源丰富，植物种类繁多，仅高等植物就有数百种，其中观赏价值高的植物有迎红杜鹃、太平花、大花溲疏、小花溲疏、刺玫、暴马丁香、桔梗、白头翁、翠雀、石竹、绣线菊、华北蓝盆花、山丹等，药用植物有白首乌、香薷、黄精、远志、列当、玉竹、草乌、黄芩、柴胡、兔儿伞等，野果植物有欧李、山葡萄、山楂、杜梨、核桃、核桃楸、山杏、桑树等。九龙山的野生动物有野猪、岩松鼠、刺猬、草兔、狍子、狐狸、獾、啄木鸟、戴胜、杜鹃、黄鹂、环颈雉、蝮蛇等。林下分布着松口蘑、牛肝菌、马勃、密环菌、毛木耳高等担子菌数百种。

九龙山的春天和夏天宛如花的海洋，山桃、山杏、暴马丁香、白蜡、照山白、黄栌、绣线菊、迎红杜鹃等竞相开放；秋天，黄栌、五角枫等植物的红色叶片和白蜡、栓皮栎等植物的黄色、绿色叶片交织在一起，层林尽染，景色蔚为壮观。九龙山的冬天也是看雪赏景的好地方，大雪过后，整个山林银装素裹，成了林海雪原的冰雪世界，厚厚的积雪覆盖着林地，灰色的树枝、绿色的针叶披上了银色的冬装，身临其中犹如仙境。

《北京九龙山植物图谱》的编著历时多年，参考了国内外同类著作的编写特点，以植物的花、叶、果性状为主要分类依据，记录了从低山到高山的各种植物共计 88 科 265 属 382 种。每种植物配有数张原色彩色照片，包括树形、枝叶、花和果实等整体和局部特征，文字介绍了植物形态要点、生物学习性、分布和用途等。

本书在编辑过程中得到了中国林业科学研究院孙晓梅研究员、王军辉研究员、孙振元研究员、兰再平研究员，南京林业大学郁万文教授，西北农林科技大学韩崇选教授的大力支持，在此表示诚挚的谢意！

由于编著者水平有限，加之部分山区地形复杂无法涉足，错漏之处难免，敬请读者批评指正。

编著者

2018 年 4 月

本书使用说明

一、本书由九龙山的四季、主要林相和主要植物资源介绍三部分组成，并附有中文名和拉丁学名检索表。其中四季部分展示了九龙山的自然景象，主要林相部分展示了九龙山经过几代人的努力奋斗形成的营造林成果。

二、植物资源介绍部分，是根据人们的通常称谓而非植物分类学上严格意义的分类体系将植物划分为乔木、灌木、藤本植物、草本植物四大部分。而四大部分植物的排序是根据秦仁昌教授 1978 年蕨类植物分类系统、郑万钧院士 1978 裸子植物分类系统、恩格勒（Adolf Engler）1964 年第 12 版被子植物门系统按科排列；科内各属按亲缘关系进行排列；属内各种的排列则以拉丁名字母顺序进行排列。

三、每种植物分别以图片和文字描述形式，介绍了植物的形态、枝叶、花和果实等整体和局部特征，以及植物的生物学习性、地理分布和用途等。

$\mathcal{C}$ontents | 目 录

Four Seasons
in Jiulong Mountain

九龙山四季

九龙山 之 春

九龙山 之 夏

九龙山 之 秋

九龙山 之 冬

*Forest Forms of
Jiulong Mountain*

九龙山
主要林相

大叶白蜡
Fraxinus chinensis Roxb

    木犀科白蜡树属，落叶乔木。喜光，对土壤的适应性较强，在酸性土、中性土及钙质土上均能生长，耐轻度盐碱，喜湿润、肥沃和砂壤质土壤。植株萌发力强，材理通直，生长迅速，柔软坚韧，供编制各种用具。白蜡树在中国栽培历史悠久，分布于我国南北各地，越南、朝鲜也有分布；白蜡树于18世纪末引入印度、日本以及美国和欧洲。九龙山上分布的白蜡树有大叶白蜡和小叶白蜡两个种，常见于海拔500~900米地域，平均树高9.3米，平均胸径9厘米，白蜡林是1976年、1978年和1985年营造的人工林。

暴马丁香
Syringa reticulata (Blume) H. Hara var. *amurensis* (Rupr.) J. S. Pringle

  木犀科丁香属，落叶小乔木或大乔木。暴马丁香树生于山坡、山沟等海拔150~800米的地域。该树种喜光，喜温暖、湿润及阳光充足的环境，但也耐阴、耐寒、耐瘠薄，有较强的耐旱力。主要产于我国东北、西北、华北等地，朝鲜、日本、俄罗斯也有分布。九龙山上的暴马丁香林多是天然次生林，常与白蜡、小叶朴等混交，平均树高7.1米，平均胸径10.2厘米，花期6~7月，果期8~10月。花序大，花期长，树姿美观，花香浓郁芬芳袭人，沁人肺腑，花开时节登山观景、赏花、养生别有一番体验。

侧柏
Platycladus orientalis (L.) Franco

柏科侧柏属，常绿乔木。适应性强，对土壤要求不高，在酸性、中性、石灰性和轻盐碱土壤中均可生长。耐干旱瘠薄，萌芽能力强，耐寒力中等，耐强太阳光照射，耐高温、浅根性，常为阳坡造林树种。侧柏是北京地区城郊广泛采用的造林绿化树种，也被选为北京市树，它在荒山绿化、美化环境、净化空气、提高环境质量等方面发挥了较大的生态效益和社会效益。侧柏为中国特产，除青海、新疆外，全国均有分布。寿命很长，常有百年和数百年以上的古树。九龙山上种植了大面积侧柏，都是1965—1973年、1982—1987年营造的人工林，平均树高9.1米，平均胸径8.8厘米，分布在海拔100~850米地域，长势良好。

大果榆
Ulmus macrocarpa Hance

榆科榆属，落叶乔木或灌木植物。属喜光树种，耐干旱，能适应碱性、中性及微酸性土壤，根系发达，侧根萌芽性强。耐寒冷及干旱瘠薄，自然更新能力强。生于海拔 700~1800 米的山坡、谷地、台地、黄土丘陵、固定沙丘及岩缝中。在我国主要分布于黑龙江、吉林、辽宁、内蒙古、河北、山东、江苏北部、安徽北部、河南、山西、陕西、甘肃及青海东部；朝鲜、俄罗斯、蒙古也有分布。九龙山上的大果榆为天然次生林，分布在海拔 600~800 米地域，平均树高 7.1 米，平均胸径 10.3 厘米，长势良好。

华北落叶松
Larix principis-rupprechtii Mayr

松科落叶松属，落叶乔木，强喜光树种，极耐寒，对土壤适应性强，但喜深厚肥沃湿润而排水良好的酸性或中性土壤，略耐盐碱；有一定的耐湿、耐旱和耐瘠薄能力；寿命长，根系发达，有一定的萌芽能力，抗风力较强。自然分布于海拔 1600 米以上的山梁或阴坡处，原为华北地区特有，现东北地区和西北地区均有栽培，是高中山区的优良造林树种。九龙山上的落叶松是 1965—1967 年、1972 年、1974 年、1975 年和 1984 年营造的人工林，平均树高 9.1 米，平均胸径 14.7 厘米，分布在海拔 700~900 米地域，长势一般。

栓皮栎
Quercus variabilis Bl.

　　壳斗科栎属，落叶乔木。喜光树种，深根性，根系发达，萌芽力强。适应性强，抗风、抗旱、耐火、耐瘠薄，在酸性、中性及钙质土壤中均能生长，尤以在土层深厚肥沃、排水良好的壤土或砂壤土生长最好。是我国分布最广的乔木树种和最重要的造林树种之一，栓皮栎林是北京山区森林植被的顶极群落，其在水源涵养、水土保持等方面发挥着重要作用，在北京山区森林植被中占有重要地位。九龙山上的栓皮栎林是1964—1987年间营造的人工林，平均树高10米，平均胸径15.6厘米，分布在海拔300~800米地域。

元宝槭
Acer truncatum Bunge

又名华北五角枫。槭树科槭属，落叶乔木。弱度喜光，稍耐阴，喜温凉湿润气候，对土壤要求不高，在中性、酸性及石灰性土上均能生长，但以土层深厚、肥沃及湿润之地生长最好，黄黏土上生长较差。生长速度中等，深根性，抗风力强，很少病虫害。广布于华北及吉林、辽宁、陕西、甘肃、山东、江苏、河南等地；俄罗斯西伯利亚东部、蒙古、朝鲜和日本也有分布，多生于海拔 800~1500 米的山坡或山谷疏林中，自然界多生长于阴坡山谷及溪沟两边。九龙山上分布的五角枫是 1980—1987 年间营造的人工林，分布在海拔 500~750 米地域，平均树高 7.3 米，平均胸径 7 厘米，长势良好。

油松
Pinus tabuliformis Carrère

　　松科松属，常绿针叶乔木。喜光树种，深根性，抗瘠薄、抗风，在土层深厚、排水良好的酸性、中性或钙质黄土上及 -25℃的气温下均能生长。广泛分布于暖温带落叶阔叶林区域，是河北、北京、辽宁西部山地丘陵森林植被的主要建群种之一，油松林是北京地区重要的森林类型，也是北京地区具有代表性的植被群落之一，大多数为人工林，北京延庆松山自然保护区分布有天然油松林。九龙山上的油松是 1958 年、1964—1972 年、1978 年陆续营造的人工林，平均树高 7.8 米，平均胸径 17.2 厘米，分布在海拔 700~850 米地域，长势良好。主要分布在海拔 600~850 米。

山杨
Populus davidiana Dode

杨柳科杨属，落叶乔木，高达 25 米，树冠圆，树皮灰绿或灰白色，小枝圆，红褐色。叶三角状卵圆形或近圆形，长宽近相等，长 3~6 厘米，先端钝尖或尖，基部圆、平截或浅心形，具波状浅齿，叶柄扁，长 2~6 厘米。花序轴被毛，雄花序长 5~9 厘米，雄蕊 5~12，雌花序长 4~7 厘米。果序长达 12 厘米，果卵状圆锥形，长约 5 毫米，具短柄，2 裂。花期 3~4 月，果期 4~5 月。产于东北、内蒙古、华北、西北、华中及西南高山地区，北方分布在海拔 1500 米以下。耐寒性强，耐干旱瘠薄，喜光，在中性及酸性土壤上均可生长，根际萌蘖性强。木材白色，轻软，可供造纸、建筑等用，树皮纤维含量 48.62%，可提取栲胶，枝叶可作饲料。九龙山上的山杨是天然次生林，主要分布在海拔 800~950 米的阴坡，平均树高 6 米，平均胸径 6~7 厘米。

次生灌木
shrub

在九龙上主峰刺玫花坨附近，海拔 950~990 米处，有一片天然次生灌木林，主要植被有三裂叶绣线菊、蚂蚱腿子、荆条、照山白、锦鸡儿、欧李和鼠李，其中还散生有山桃、山杏、小叶朴、臭椿、小叶白蜡和蒙古栎等。

$\mathcal{T}ree$

乔木

　　乔木是指植物体高达 5 米以上，由根部发生独立的主干，主干明显且直立，木质部发达，树干和树冠有明显区分的木本植物。通常见到的高大树木都是乔木，如松树、杨树、椴树、白桦等。根据其高度又分为伟乔（31 米以上）、大乔（21~30 米）、中乔（11~20 米）和小乔（6~10 米）四级。乔木寿命长，是多年生落叶或常绿木本植物，其寿命为几十年甚至几百年。乔木的大小形态相差极大，细圆锥形、圆柱形、圆球形、张开形等千姿百态。乔木是园林、道路、荒山等绿化造林中的骨干植物，可以提供绿荫、调节气候、防风固沙等。乔木的生命力和抗逆能力强，繁殖容易，经济和观赏价值高。其中多数乔木在色彩、线条、质地和树形方面随叶片的生长与凋落可形成丰富的季节性变化。乔木还是多种建筑、家具的重要木材来源，为人们提供了丰富多彩的生活必需品。

01 ▶ 银杏
Ginkgo biloba L.

又名白果、公孙树、鸭脚子、鸭掌树。银杏科银杏属，落叶乔木，可高达 40 米，树皮灰褐色，不规则纵裂。叶在长枝上互生，在短枝上簇生，叶扇形，先端常二裂，具长柄。雌雄异株，雄球花柔荑花序状，雌球花具长柄，顶端生两个直立胚珠。花期 4~5 月，果期 9~10 月，核果熟时黄色。第四纪冰期后子遗种，中国特产，银杏分布大都属于人工栽培区域。银杏树高大挺拔，叶似扇形，是理想的园林绿化、行道树种；种子可食用、可药用，外种皮含银杏酸等可用于杀虫；叶可提制冠心酮，对疾病有一定疗效。

02 ▶ 青杆
Picea wilsonii Mast.

　　松科云杉属，乔木，该属约40种，我国有20种5变种，青杆树高可达50米，树皮淡灰色或暗灰色，浅裂成不规则鳞状块片脱落。大枝近平展或微斜上伸展，1年生枝淡黄绿色或黄灰色。叶四棱状条形，直或微弯，先端尖，长0.8~1.3厘米，宽1~2毫米。球果卵状圆柱形或椭圆状长卵形，顶端钝圆，长5~8厘米，径2.5~4厘米，熟前绿色，熟时黄褐色或淡褐色，种子倒卵圆形，长3~4毫米。花期4~5月，球果9~10月成熟。分布于华北、西北、西南等地；生长在海拔1400~2800米地带。木材可供建筑、工程、电杆、家具及木纤维工业原料等用。

03 ▶ 华北落叶松
Larix principis-rupprechtii Mayr

松科落叶松属，乔木，约 18 种，我国有 10 种 1 变种，树干可高达 30 米，树皮暗灰褐色，不规则纵裂，成小块片脱落，枝平展，具不规则细齿。叶在短枝上簇生，窄条形，扁平，秋天变黄脱落，长 2~3 厘米，宽约 1 毫米，上部稍宽，先端尖或微钝。雌雄同株，球花单生短枝顶端。球果卵球形，初时紫红色，熟时黄棕色，开裂，种子斜倒卵状椭圆形，长 3~4 毫米，灰白色。花期 4~5 月，球果 10 月成熟。中国特有，为华北地区高山针叶林带中的主要森林树种，木材用途广泛。

04 ▶ 华山松
Pinus armandii Franch.

　　松科松属，常绿乔木，可高达 25 米，树冠广圆锥形，树皮及枝皮灰褐色，冬芽褐色，有少量树脂。叶 5 针一束，横切面三角形。雌雄同株，雄花黄色，卵状圆柱形，长约 1.4 厘米，基部围有近 10 枚卵状匙形的鳞片，多数集生于新枝下部成穗状，排列较疏松，雌球花淡紫褐色。球果圆锥状长卵形，成熟时种鳞张开，种子脱落，种子无翅有棱。花期 4~5 月，球果次年 9~10 月成熟。原产我国，九龙山在 20 世纪 60 年代引种成功，现在长势良好。树干可割取树脂；树皮可提取栲胶；针叶可提炼芳香油；种子可食用也可榨油。

05 ▶ 樟子松
Pinus sylvestris L. var. *mongholica* Litv.

松科松属，乔木，可高达25米，树皮厚，灰褐色或黑褐色，深裂成不规则的鳞状块片脱落。针叶2针一束，硬直，常扭曲，缘具细锯齿。雌雄同株，雄花圆柱状卵圆形，橙黄色，聚生新枝下部，雌球花有短梗，淡紫褐色，下垂。球果卵圆形或长卵圆形，成熟前绿色，熟时淡褐灰色，种子黑褐色，长卵圆形或倒卵圆形，长4.5~5.5厘米。花期5~6月，球果第二年9~10月成熟。分布于东北、华北各地；生于水分较少的山脊及向阳山坡。可作庭园观赏及绿化树种；是东北地区主要速生用材、防护绿化、水土保持优良树种。

06▶ 油松
Pinus tabulaeformis Carr.

　　松科松属，乔木，可高达 25 米，树皮灰褐色，裂成不规则较厚的鳞状块片。针叶 2 针一束，深绿色，粗硬，边缘有细锯齿，两面具气孔线。雌雄同株，雄花圆柱形，橙黄色，长 1.2~1.8 厘米，在新枝下部聚生成穗状，雌球花紫色至棕色。球果卵形或圆卵形，有短梗，成熟前绿色，熟时淡褐黄色，常宿存树上近数年之久，种子卵圆形或长卵圆形，长 6~8 毫米。花期 4~5 月，球果第二年 10 月成熟。中国特有树种，分布于东北、华北、西北等地。为低海拔山地造林及城市绿化的重要树种；树干可采割松脂；针叶、花粉可入药。

07▶ 侧柏
Platycladus orientalis (L.) Franco

柏科侧柏属，常绿乔木，可高达20米，树皮薄，浅灰褐色，纵裂成条片，幼树树冠卵状尖塔形，老时广圆形，生鳞叶的小枝细，扁平。叶鳞形，背面有腺点，对生，鳞叶长1~3毫米。雌雄同株，球花单生枝顶。球果近卵圆形，成熟前近肉质，蓝绿色，成熟后木质，开裂，红褐色，长1.5~2厘米；种子长4~6毫米，灰褐色或紫褐色，无翅。花期3~4月，球果10月成熟。侧柏为中国特有，除青海、新疆外，全国均有分布；生于石灰岩山地、阳坡。为干旱区造林及城市绿化重要树种；枝叶、种子入药，可止血、利尿、安神。

08► 胡桃楸
Juglans mandshurica Maxim.

　　胡桃科胡桃属，落叶乔木，高 20 余米，树冠扁圆形，树皮灰色，浅纵裂。奇数羽状复叶大型，小叶 9~17 枚，椭圆形至长椭圆状披针形，缘具细锯齿。雄柔荑花序腋生下垂，长 10~27 厘米，雌穗状花序于新枝顶生，长 3~6.5 厘米，具花 4~10。核果卵球形，先端尖，果核长卵形或长椭圆形，长 2.5~5 厘米。花期 4~5 月，果期 8~9 月。分布于东北、华北等地；多散生于沟谷两岸及山麓，与其他树种组成混交林。木材珍贵，坚果可以食用；该树种为产区森林的重要建群树种之一。

09 ▶ 核桃
Juglans regia L.

胡桃科胡桃属，乔木，可高达 30 米，树皮灰白色，浅纵裂。奇数羽状复叶，互生，小叶 5~9 个，稀有 13 个，椭圆状卵形至椭圆形，全缘或有不明显钝齿，长 4.5~12.5 厘米。雄柔荑花序下垂，长 13~15 厘米，雌花 1~3 朵聚生枝顶。核果球形，幼时被毛，熟时无毛，皮孔褐色，果核径 2.8~3.7 厘米。花期 4~5 月，果期 9~10 月。分布于华北、华中、华东、东北、西北等地；生于低山区。果仁可食，为世界著名坚果；木材优良；树冠庞大，为庭荫树和园林绿化树种。

10 ▶ 山杨
Populus davidiana Dode

　　杨柳科杨属，乔木，高达25米，树皮光滑灰绿色或灰白色，树冠圆形。叶三角状卵圆形或近圆形，长宽近等，边缘有密波状浅齿，发叶时显红色，萌枝叶大，三角状卵圆形。花先叶开放，单性异株，柔荑花序。蒴果卵状圆锥形，有短柄，2瓣裂。花期3~4月，果期4~5月。分布于东北、华北、西北、华中、西南高山等地；生于山坡、山脊和沟谷地带。木材供造纸及建筑等用；树皮可药用；幼枝和叶可作为动物饲料；幼叶红艳美观，可作观赏树。

11 ▶ 旱柳
Salix matsudana Koidz

杨柳科柳属，落叶乔木，可高达 18 米，大枝斜上，树冠广圆形，树皮暗灰黑色。单叶互生，具短柄，披针形，上面绿色，无毛，有光泽；下面苍白色，有细腺锯齿缘。花单性，雌雄异株，柔荑花序，花序与叶同时开放。蒴果 2 瓣裂。花期 4 月，果期 4~5 月。分布于东北、华北、西北等地；常生于干旱地或水湿地。是重要的园林绿化及干旱地造林树种；嫩枝可编筐；花期长，亦是早春的蜜源树种。

12 ▶ 中国黄花柳
Salix sinica (Hao) C. Wang et C. F. Fang

　　杨柳科柳属，小乔木，当年生幼枝有柔毛，后无毛，小枝红褐色，冬芽被棉毛，棉球状。单叶互生，叶形多变化，一般为椭圆形、椭圆状披针形、稀披针形或卵形，幼叶有毛，后无毛，多全缘，叶柄有毛，托叶半卵形至近肾形。花先叶开放，花单性异株，柔荑花序，子房具柄。蒴果线状圆锥形。花期4月下旬，果期5月下旬。分布于华北、西北等地。生于山坡或林中。冬芽美观，可供插花用；蜜源植物。

13 ▶ 鹅耳枥
Carpinus turczaninowii Hance

桦木科鹅耳枥属，落叶乔木，高5~10米，树皮暗灰褐色，粗糙，浅纵裂。叶互生，卵形至卵状椭圆形，缘具重锯齿，侧脉明显，叶柄疏被短柔毛。花单性，雄柔荑花序下垂，雌花序总状，花无花被，雄花具数枚雄蕊，雌花对生。小坚果宽卵形，无毛。花期4~5月，果期8~9月。分布于东北、华北、西北等地；生于阴坡或山谷林中。木材坚韧，可制农具、家具等；种子含油，可供食用或工业用；枝叶茂密，叶形秀丽，颇美观，宜庭园观赏种植。

14▶ 黑桦
Betula davurica Pall.

　　桦木科桦木属，乔木，高 6~20 米，树皮黑褐色，龟裂，枝条红褐色，光亮，无毛，小枝密生树脂腺体。叶厚纸质，长卵形、菱状卵形或椭圆形，边缘具不规则的锐尖重锯齿。雄柔荑花序下垂，雌柔荑花序直立。小坚果宽椭圆形，两面无毛。花期 5~6 月，果期 7~8 月。分布于东北、华北等地；生于低山向阳山坡、山麓较干燥处或杂木林内。是产区重要的森林组成树种；木材具多种用途。

15 ▶ 白桦
Betula platyphylla Suk.

　　桦木科桦木属，落叶乔木，树干可高达 25 米，树皮灰白色，成层剥裂。叶厚纸质，三角状卵形或菱状卵形，缘具齿，叶柄细瘦，无毛。花单性，雌雄同株，柔荑花序。果序圆柱形，下垂，果翅较小、坚果宽。花期 5~6 月，果期 8 月。分布于东北、华北、西北、华东、西南等地；生于稍干阳坡，成片生长，或散生于山地中上部的杂林中。木材可供建筑及制作器具之用；树皮可提桦油；可用于园林绿化。

16▶ 蒙古栎
Quercus mongolica Fisch. ex Ledeb.

　　壳斗科（山毛榉科）栎属，落叶乔木，可高达 30 米，树皮灰褐色，纵裂。叶片倒卵形至长倒卵形，缘具粗齿。雄花序生于新枝下部，雌花序生于新枝上端叶腋；坚果卵形至长卵形，果脐微突起。花期 4~5 月，果期 9 月。分布于东北、华北等地；生于山地阳坡，常形成纯林。蒙古栎是营造防风林、水源涵养林及防火林的优良树种，孤植、丛植或与其他树木混交成林均甚适宜；也可作行道树；枝材供薪炭用或培养木耳等食用菌。

17 ▶ 栓皮栎
Quercus variabilis Bl.

　　壳斗科栎属，落叶乔木，可高达 30 米，树皮黑褐色，深纵裂，木栓层发达。叶片卵状披针形或长椭圆形，顶端渐尖，叶缘具刺芒状锯齿。雄花序生于当年生枝下部，雌花单生或双生于当年生枝叶腋。坚果近球形或宽卵形。花期 3~4 月，果期翌年 9~10 月。分布于华北、西南等地；多生于山地阳坡。木材是重要用材；种子可提取浆纱或酿酒；其副产品可作饲料；枝干是培植银耳、木耳、香菇等的材料。

18▶ 大果榆
Ulmus macrocarpa Hance

　　榆科榆属，落叶乔木，可高达 20 米，树皮暗灰色或灰黑色。叶宽倒卵形或倒卵形，稀椭圆形，厚革质。花先叶开放，簇生于上年生枝的叶腋。果核部分位于翅果中部。花期 4~5 月，果期 5~6 月。分布于东北、华北、西北、华中等地；生于山坡、谷地、台地、黄土丘陵、固定沙丘及岩缝中。大果榆可供车辆、农具、家具、器具等用材；翅果含油量高，是医药和轻工、化工业的重要原料。

19▶ 榆树
Ulmus pumila L.

榆科榆属，落叶乔木，可高达 25 米，幼树树皮平滑，灰褐色，不规则深纵裂，粗糙。叶椭圆状卵形至卵状披针形，缘具齿。花先叶开放，在生枝的叶腋成簇生状。翅果近圆形。花果期 3~6 月。分布于中国东北、华北、西北及西南各地；生于山坡、山谷、川地、丘陵及沙岗等处，长江下游各省有栽培。是营造防风林、水土保持林和盐碱地造林的主要树种之一；树皮磨成粉称榆皮面，可食用；叶可作饲料；嫩果可食；树皮、叶及翅果均可药用，能安神、利小便。

20▶ 刺榆
Hemiptelea davidii (Hance) Planch.

　　榆科刺榆属，落叶小乔木，可高达 15 米，树皮深灰色，不规则的条状深裂。小枝灰褐色，具粗而硬的棘刺。叶互生，椭圆形，叶缘具整齐粗锯齿，羽状脉明显。花杂性同株，1~4 朵簇生当年枝叶腋。小坚果黄绿色，斜卵圆形，具窄翅。花期 4~5 月，果期 9~10 月。分布于华北、华东、华中、西北等地；生于山坡、路边和村旁。木材坚硬而细致；树皮纤维可作人造棉、绳索等的原料；因树枝有棘刺，可作绿篱树种。

21 ▶ 小叶朴
Celtis bungeana Bl.

榆科朴属，落叶乔木，可高达 10 米，树皮暗灰色。单叶互生，狭卵形、卵状椭圆形至卵形，先端渐尖，中部以上疏具不规则浅齿，有时一侧近全缘。花腋生，杂性同株。果单生叶腋，果成熟时蓝黑色，近球形。花期 4~5 月，果期 10~11 月。分布于华北、华东、华中、西北等地；多生于路旁、山坡、灌丛或林边。树形优美，庭园观赏树；树皮纤维可代麻用或作造纸和人造棉的原料。

22 ▶ 桑树
Morus alba L.

桑科桑属，乔木，高 3~10 米或更高，树皮厚，灰色，具不规则浅纵裂。叶卵形或广卵形，边缘锯齿粗钝，有时叶为各种分裂。花单性，腋生或生于芽鳞腋内，与叶同时生出，聚花果卵状椭圆形，成熟时红色或暗紫色。花期 4~5 月，果期 5~8 月。全国各地均有分布；栽培或野生，生于向阳山坡、平地上。适应性强，为良好的绿化及经济树种；木材可做弓；叶为养蚕的主要饲料；根皮、叶和果实可入药，疏散风热、清肺、明目；桑葚可食可酿酒，称桑子酒。

23 ▶ 蒙桑
Morus mongolica Schneid.

桑科桑属，小乔木，树皮灰褐色，纵裂。叶长椭圆状卵形，边缘具三角形单锯齿，稀为重锯齿。花雌雄异株，柔荑花序。聚花果圆形，成熟时肉质，红色至紫黑色。花期4~5月，果期6~7月。分布于华北、西北、华中、西南等地；生于向阳山坡或平地上。聚花果可生食和酿酒；根皮入药，有消炎和利尿功效；茎皮纤维可造纸。

24 ▶ 构树
Broussonetia papyrifera (L.) L'Hér. ex Vent.

桑科构属，落叶乔木，高 10~20m，树皮暗灰色，小枝密生柔毛。叶螺旋状排列，广卵形至长椭圆状卵形，缘具粗齿，不分裂或 3~5 裂。花雌雄异株，雄花序为柔荑花序，雌花组成头状花序。聚花果成熟时橙红色。花期 4~5 月，果期 6~7 月。分布于全国各地；常野生或栽于村庄附近的荒地、田园及沟旁。其叶是很好的猪饲料；韧皮纤维是造纸的高级原料；根、种子入药，补肾、利尿、强筋骨。

25 ▶ 山楂
Crataegus pinnatifida Bunge

蔷薇科山楂属，落叶乔木，树皮粗糙，暗灰色或灰褐色。单叶互生，宽卵形或三角状卵形，稀菱状卵形，通常两侧各有 3~5 羽状深裂片，裂片卵状披针形或带形，边缘有尖锐稀疏不规则重锯齿。伞房花序具多花，萼筒钟状，花瓣倒卵形或近圆形，白色。果实近球形或梨形，深红色，有浅色斑点。花期 5~6 月，果期 9~10 月。分布于东北、西北、华北等地；生于山坡、林缘。栽培相当普遍，幼苗常为山里红的砧木；果实酸甜可鲜食，干制后可入药，健胃、助消化。

26 ▶ 山里红
Crataegus pinnatifida var. *major* N. E. Brown

　　蔷薇科山楂属，落叶小乔木，高 6~8 米，观赏和果树植物。叶互生，阔卵形或三角卵形，边缘羽状 5~9 裂，有锯齿。伞状花序有小花 10~12 朵，白色或淡红色。梨果近球形，皮色深红，并有淡褐色斑点。花期 5~6 月，果期 8~10 月。山里红是中国著名的果树，全国各地都有栽培。果实酸甜可口，能生津止渴，亦可入药，有消食化积、活血散瘀的功效。

27 ▶ 杜梨
Pyrus betulifolia Bunge

蔷薇科梨属，落叶乔木，高 10 米，枝具刺，2 年生枝条紫褐色。单叶互生，菱状卵形至长圆卵形，幼叶上下两面均密被灰白色绒毛，边缘具粗锐锯齿，叶柄被灰白色绒毛，托叶早落。伞形总状花序，有花 10~15 朵，花瓣白色，雄蕊花药紫色，花柱具毛。果实近球形，褐色，有淡色斑点，花期 4 月，果期 8~9 月。分布于东北、华北、西北、华东等地；生于平原或山坡向阳处。木材致密可作各种器物；树皮含鞣质，可提制栲胶并入药。

28 ▶ 白梨
Pyrus bretschneideri Rehd.

　　蔷薇科梨属，落叶乔木，高达5~8米，树冠开展，枝具稀疏皮孔，冬芽卵形，暗紫色。叶片卵形或椭圆卵形，缘具齿，具叶柄，托叶膜质，缘具腺齿。伞形总状花序，有花7~10朵，萼片三角形，花瓣卵形，雄蕊20，花柱5或4，与雄蕊近等长。果实卵形或近球形，黄色，有细密斑点。花期4月，果期8~9月。分布于华北、西北等地；生于干旱寒冷的地区或山坡向阳处。梨果可生食，也可制成梨膏，均有清火润肺的功效；木材质优，是雕刻、家具及装饰良材。

29 ▶ 豆梨
Pyrus calleryana Decne.

　　蔷薇科梨属，多年生落叶果树，乔木，高 5~8 米。叶片宽卵形至卵形，边缘有钝锯齿，两面无毛，叶柄无毛，托叶叶质，线状披针形，无毛。伞形总状花序，花瓣卵形，白色，雄蕊 20，稍短于花瓣。梨果球形，黑褐色，有斑点。花期 4 月，果期 8~9 月。分布于华北、华东、华南各地；生于温暖潮湿的山坡、沼地、杂木林中，可用作嫁接西洋梨等的砧木。根、叶入药，可润肺止咳，清热解毒；果实可健胃、止痢。

30 ▶ 褐梨
Pyrus phaeocarpa Rehd.

蔷薇科梨属，乔木，高达 5~8 米，枝无刺，幼枝紫褐色，无毛。叶片椭圆卵形至长卵形，边缘有尖锐锯齿，齿尖向外，幼时有稀疏绒毛，不久全部脱落。伞形总状花序，有花 5~8 朵，花瓣卵形，白色。果实球形或卵形，褐色，有斑点。花期 4 月，果期 8~9 月。分布于华北、西北等地，常作栽培梨的砧木；生于山坡或黄土丘陵地杂木林中。

31 ▶ 秋子梨
Pyrus ussuriensis Maxim.

蔷薇科梨属，落叶乔木，高达 15 米。单叶互生，卵形至广卵形，先端渐尖或尾尖，边缘具刺芒状细锐锯齿。伞形花序，花 5~7 朵，花萼筒状，萼片 5，花瓣 5，白色。梨果近球形，黄绿色，萼片宿存。花期 5 月，果期 8~10 月。分布于东北、华北、西北等地，野生见于中低山杂木林中。抗寒力强，北方果园中普遍栽培，品种甚多。

32 ▶ 山丁子
Malus baccata (L.) Borkh.

　　又名山荆子。蔷薇科苹果属，落叶乔木，可高达14米，树干灰褐色，光滑，不易开裂。叶片椭圆形，缘具齿。伞形总状花序，花瓣倒卵形，白色、浅红至艳红色，果实近球形，红色或黄色。花期4~6月，果期9~10月。分布于东北、华北、西北等地；多生长于花岗岩、片麻岩山地和淋溶褐土地带山地。可作苹果、海棠果的嫁接砧木；蜜源植物；木材用于印刻雕版、工具等；嫩叶可代茶，可作家畜饲料；果实成熟后可直接食用。

33 ▶ 海棠
Malus spectabilis (Ait.) Borkh.

蔷薇科苹果属，小乔木，高达 8 米，小枝粗壮，幼时具短柔毛，老时红褐色，无毛。叶片椭圆形，边缘有紧贴细锯齿，托叶膜质，窄披针形，全缘。花序近伞形，有花 4~6 朵，苞片膜质，披针形，早落，萼片三角卵形，花瓣卵形，白色。果实近球形。花期 4~5 月，果期 8~9 月。原产中国，在华北、华东、西南等地都有栽培；生长在平原或山地。栽培供观赏。

34 ▶ 山桃
Prunus davidiana (Carr.) Franch

　　蔷薇科桃属，乔木，高达10米，树冠开展，树皮暗紫色，光滑。叶片卵状披针形，两面无毛，叶边具细锐锯齿。花单生，先于叶开放，萼筒钟形，花瓣倒卵形或近圆形，粉红色。果实近球形，淡黄色，外面密被短柔毛，不可食。花期3~4月，果期7~8月。分布于东北、华北、华东等地；生于山坡、山谷沟底或荒野疏林及灌丛内。在华北地区主要作桃、梅、李等果树的砧木；也可供观赏；木材可作细工及手杖；核可作玩具或念珠；种仁可榨油供食用。

35 ▶ 山杏
Prunus sibirica (L.) Lam.

蔷薇科杏属，小乔木，高 2~5 米，树皮暗灰色。叶片卵形或近圆形，缘具细齿。花单生，先于叶开放，花萼紫红色，萼筒钟形，花瓣近圆形或倒卵形，白色或粉红色。果实扁球形，黄色或橘红色，有时具红晕，被短柔毛，味酸涩不可食。花期 3~4 月，果期 6~7 月。分布于华北、西北等地；生于干燥向阳山坡上、丘陵草原或与落叶乔灌木混生。可绿化荒山、保持水土，也可作沙荒地防护林的伴生树种；种仁供药用；也是油漆涂料、化妆品及优质香皂的重要原料。

36 ▶ 杏
Prunus armeniaca L.

　　蔷薇科杏属，乔木，高 5~12 米，树冠圆形或长圆形，树皮灰褐色，纵裂。叶片宽卵形或圆卵形，先端急尖，叶边有圆钝锯齿。花单生，先于叶开放，花萼紫绿色，萼筒圆筒形，花白色或带红色。果实球形，白色、黄色，常具红晕。花期 3~4 月，果期 6~7 月。分布于华北、西北、华东各地，各地广为栽培。果肉味甜多汁；种仁可入药，味苦，微温。

37 ▶ 合欢
Albizia julibrissin Durazz.

豆科合欢属，落叶乔木，高达 16 米，树干灰黑色，嫩枝、花序和叶轴被绒毛。二回羽状复叶，互生；羽片 4~12 对，小叶 10~30 对，线形至长圆形。头状花序在枝顶排成大圆锥花序，花粉红色。荚果带状。花期 6~7 月，果期 8~10 月。分布于东北、华北、华东、华南、西南等地；生于山坡，耐干旱和瘠薄。木材可制家具、枕木等；树皮可提制栲胶；树皮、花蕾入药，可活血、安神、消肿、止痛；花色艳丽，栽培供观赏。

38 ▶ 野皂荚
Gleditsia microphylla Gordon ex Y. T. Lee

　　豆科皂荚属，落叶灌木或小乔木，高 2~4 米，枝刺不分枝或有 2~3 个短分枝。一回或二回羽状复叶（具羽片 2~4 对），小叶斜卵形至长椭圆形，全缘。穗状花序或顶生的圆锥花序，花杂性，苞片 3，最下一片披针形，上面两片卵形，萼片 3~4，花瓣 3~4，花冠白色。荚果斜椭圆形或斜长圆形，扁平，长 3~6 厘米。花期 6~7 月，果期 7~10 月。分布于华北、华东等地；生于山坡向阳处或路边。是良好的水土保持树种。

39 皂荚
Gleditsia sinensis Lam.

豆科皂荚属，落叶乔木，高达 30 米，枝深褐色。一回羽状复叶，小叶 3~9 对，纸质，卵状披针形至长圆形，先端渐尖，具小尖头，边缘具细锯齿。花杂性，黄白色。荚果带状，劲直或扭曲，种子多颗。花期 5~6 月，果期 6~10 月。分布于全国大部分省份；生于山坡林中或谷地、路旁；常栽培于庭院或宅旁。木材为车辆、家具用材；嫩芽可油盐调食；荚、子、刺均入药，可祛痰通窍、镇咳利尿、消肿排脓。

40▶ 国槐
Sophora japonica L.

　　又名槐树。豆科槐属，乔木，树型高大，其羽状复叶和刺槐相似，树皮灰褐色，具纵裂纹。羽状复叶，小叶 4~7 对，对生或近互生，纸质，卵状披针形或卵状长圆形。圆锥花序顶生，花冠白色或淡黄色。荚果串珠状，种子排列较紧密。花期 6~7 月，果期 8~10 月。分布于东北、西北、西南等地，现各地广泛栽培。花、荚果入药，有清凉收敛、止血降压作用；叶、根皮入药，可清热解毒；木材供建筑用。种仁含淀粉，可供酿酒或作糊料、饲料。

41▶ 刺槐
Robinia pseudoacacia L.

豆科刺槐属（洋槐属），落叶乔木，高 10~25 米，树皮灰褐色至黑褐色，浅至深纵裂。奇数羽状复叶，互生，小叶 2~12 对，常对生，椭圆形、长椭圆形或卵形，托叶针芒状。总状花序腋生，花蝶形，花冠白色，具香气。荚果褐色，线状长圆形。花期 4~6 月，果期 8~9 月。中国各地广泛栽培；喜土层深厚、肥沃、疏松、湿润的土壤，对水分条件敏感。根系发达，为优良固沙保土树种；可作行道树、庭荫树；生长快，是速生薪炭林树种；又是优良的蜜源植物。

42 ▶ 臭椿
Ailanthus altissima (Mill.) Swingle

　　苦木科臭椿属，落叶乔木，树皮灰黑色，因叶基部腺点发散臭味而得名。奇数羽状复叶，小叶对生或近对生，纸质，卵状披针形，叶基部具 2~4 粗齿，齿端各具 1 腺体。圆锥花序，花淡绿色，翅果长椭圆形，种子位于翅的中间，扁圆形。花期 4~5 月，果期 8~10 月。分布于我国北部、东部及西南部，东南至台湾省；生长在气候温和的地带。木材可制作农具车辆等；叶可饲椿蚕（天蚕）；树皮、根皮、果实均可入药，有清热利湿、收敛止痢等功效；种子可榨油。

43 ▶ 香椿
Toona sinensis (A. Juss.) Roem.

楝科香椿属，乔木，高达 10 米以上，树皮粗糙，深褐色，片状脱落。叶具长柄，偶数羽状复叶，小叶 16~20，卵状披针形，全缘。圆锥花序与叶等长或更长，顶生，多花；花两性，花瓣 5，白色。蒴果狭椭圆形。花期 5~6 月，果期 8~9 月。分布于华北、华东、中部、南部和西南部各地；生于山地杂木林或疏林中，各地也广泛栽培。幼芽嫩叶供蔬食；木材为上等家具用材；根皮及果入药，有收敛止血、祛湿止痛之功效。

44 ▶ 黄栌
Cotinus coggygria Scop.

漆树科黄栌属，落叶小乔木，树冠圆形，高 3~5 米，树汁有异味。单叶互生，叶柄细，无托叶，叶倒卵形或卵圆形。圆锥花序疏松、顶生，花小、杂性，仅少数发育，不育花的花梗花后伸长，被羽状长柔毛，宿存，苞片披针形，早落，花萼 5 裂，花瓣 5 枚，雄蕊 5 枚，花盘 5 裂，紫褐色。核果肾形扁平。花期 5~6 月，果期 7~8 月。分布于华北、华东、西南等地。木材可提取黄色染料；枝叶入药；可用于水土保持；叶到秋天变红，颇为美丽，北京"西山红叶"即为此。

45 ▶ 火炬树
Rhus typhina Nutt

　　漆树科盐肤木属，落叶小乔木，高达 12 米，小枝密生灰色茸毛。奇数羽状复叶，小叶 19~23 枚，长椭圆状至披针形，缘具齿。圆锥花序顶生，核果深红色。花期 6~7 月，果期 8~9 月。分布于东北南部、华北、西北北部暖温带落叶阔叶林区和温带草原区。火炬树可作防火树种；经长期驯化对土壤适应性强，是良好的护坡、固堤、固沙的水土保持和薪炭林树种。

46 ▶ 元宝槭
Acer truncatum Bunge

又名华北五角枫。槭树科槭属，落叶乔木，高 8~10 米，树皮灰褐色或深褐色，深纵裂。单叶对生，纸质，常掌状 5 深裂，稀 7 裂，基部截形稀近于心形，裂片全缘。花黄绿色，杂性，雄花与两性花同株，常成无毛的伞房花序，萼片 5，花瓣 5，淡黄色或淡白色，雄蕊 8，生于花盘内缘。双翅果，果翅与果近等长。花期 4~5 月，果期 8~10 月。分布于东北、华北、西北等地，生于疏林中。叶形独特，秋叶变红，栽培供观赏；种子含油丰富，可作工业原料；木材可作建筑材料。

47▶ 栾树
Koelreuteria paniculata Laxm.

　　无患子科栾树属，落叶乔木，树皮厚，灰褐色，老时纵裂，皮孔小。叶丛生于当年生枝上，平展，一回、不完全二回或偶有为二回羽状复叶，小叶 7~18 片，对生或互生，纸质，卵形、阔卵形至卵状披针形，边缘有不规则锯齿。聚伞圆锥花序，花小，花瓣黄色，基部有红色斑。蒴果圆锥形。花期 6~8 月，果期 9~10 月。分布于东北、华北、西北、华中等地。常栽培供观赏；木材用途广；叶可作蓝色染料；花供药用；春季嫩芽可食。

48 ▶ 白杜
Euonymus maackii Rupr.

又名明开夜合。卫矛科卫矛属，小乔木，高达6米。叶对生，卵状椭圆形或窄椭圆形，缘具细齿，叶柄细长。聚伞花序，腋生，花白绿色或黄绿色。蒴果倒圆心状，成熟后果皮粉红色，种子长椭圆状，种皮棕黄色。花期5~6月，果期9月。分布于东北以南至长江流域各地，生于林缘、路旁。园林绿化树种，木材可做器具；种子可榨油。

49▶ 糠椴
Tilia mandshurica Rup et Maxim.

椴树科椴树属，乔木，高达 20 米，树皮暗灰色。叶卵圆形，上面无毛，下面密被灰色星状茸毛，缘具齿，叶柄圆柱形。聚伞花序有花 6~12 朵，花序柄有毛，苞片窄长圆形或窄倒披针形，萼片外面有星状柔毛，萼片 5，花瓣 5，黄色，退化雄蕊花瓣状，雄蕊与萼片等长。果实球形。花期 6~7 月，果期 8~9 月。分布于东北、华北、华东等地；生于山坡杂林中。蜜源植物；优良用材；绿化观赏。

50▶ 蒙椴
Tilia mongolica Maxim.

椴树科椴树属，乔木，高 10 米，树皮淡灰色，有不规则薄片状脱落。叶阔卵形或圆形，先端渐尖，基部微心形或斜截形，缘具粗齿，齿尖突出。聚伞花序，果实倒卵形，被毛，有棱或有不明显的棱。花期 6~7 月，果期 9~11 月。产于内蒙古、河北、河南、山西及江宁西部。模式标本采自内蒙古南部。宜在公园、庭园及风景区栽植；花可入药，种子榨油供工业用，树皮纤维可制绳。

51 ▶ 黑枣
Diospyros lotus L.

又名君迁子。柿科柿属，落叶乔木，高达 15 米，树皮暗黑色，老时呈方块状裂。叶互生，椭圆形至长圆形，全缘。花单性异株，单生或簇生于叶腋，花萼 4 裂，密生柔毛，花冠钟形，淡黄色，4 裂。浆果近球形，熟后黑色，萼宿存。花期 5~6 月，果期 9~10 月。分布于华北、华东、西北、中南、西南等地；生于山坡、山谷、灌丛。黑枣能作柿树的砧木；果实可生食或酿酒、制醋，也可提取供医用；种子入药，能消渴除热。

52 ▶ 小叶白蜡
Fraxinus bungeana DC.

　　木犀科梣属，落叶小乔木，高2~5米，树皮暗灰色，浅裂。羽状复叶，小叶5~7枚，硬纸质，阔卵形至卵状披针形，先端尾尖，叶缘具深锯齿至缺裂状。圆锥花序顶生或腋生枝梢，花冠白色至淡黄色，深裂，裂片线形，花萼宿存。翅果匙状长圆形。花期5月，果期8~9月。分布于华北、华中等地；生于较干燥向阳的砂质土壤或岩石缝隙中。树皮入药，可治疗肠炎。

53 ▶ 大叶白蜡
Fraxinus rhynchophylla Hance

木犀科白蜡树属（梣属），落叶乔木，高 8~15 米，树皮褐灰色。叶对生，奇数羽状复叶，小叶 3~7，多为 5，大型，广卵形或椭圆状倒卵形，缘具粗齿，下面脉上有褐毛，叶具柄。圆锥花序顶生于当年枝先端或叶腋，萼钟状或杯状，无花冠。翅果倒披针状，多变化，先端钝或凹，或有小尖。花期 5 月，果期 8~9 月。分布于黄河流域各省和东北三省，生山坡、河岸、路旁。木材为制作家具的好材料；树生长较快，可用于行道树；种子油可供制肥皂用。

54 ▶ 暴马丁香
Syringa reticulata (Blume) H. Hara
var. *amurensis* (Rupr.) J. S. Pringle

　　木犀科丁香属，小乔木，高达 10 米，春末夏初花繁叶茂，树皮灰紫色，粗糙，通常不开裂。单叶对生，叶片卵状披针形或卵形，全缘。圆锥花序大而稀疏，花冠白色或黄白色，芳香。蒴果矩圆形。花期 5~6 月，果期 8~9 月。分布于东北、西北、华北等地，生于山坡灌丛或林边、草地、沟边，或针阔叶混交林中。树皮、树干及枝条均可入药，消炎、镇咳；花做茶，亦可止咳；华北地区栽培供观赏。

55 ▶ 金银木
Lonicera maackii (Rupr.) Maxim.

忍冬科忍冬属，落叶小乔木，高达 6 米，茎干直径可达 10 厘米。叶纸质，卵状椭圆形至卵状披针形，稀矩圆状披针形，顶端渐尖或长渐尖，基部宽楔形至圆形。花芳香，生于幼枝叶腋，苞片条形，萼檐钟状，花冠先白色后变黄色，唇形。果实暗红色，圆形。花期 5~6 月，果期 8~10 月。分布于东北、华北等地；花果并美，观花赏果两相宜。

$\mathscr{S}hrub$

灌木

　　灌木是指具有木质茎，没有明显的主干，从近地面就开始丛生出枝干的落叶或常绿的多年生木本植物，成熟植株高度在 3 米以下（一般不会超过 6 米）。灌木一般多为阔叶植物，也有一些针叶植物，如刺柏等。灌木有 6000 多种，耐阴灌木可生长在乔木下面，有的地区由于各种气候条件影响（如多风、干旱等），灌木是地面植被的主体，沿海的红树林也是一种灌木林。灌木还根据其地面枝条形态分为直立灌木（枝条直立）、垂枝灌木（枝条拱垂）、蔓生灌木（枝条蔓生地面）、攀缘灌木（枝条攀缘他木）、丛生灌木（枝条在地面以下或近根茎处分枝丛生）。高度不超过 0.5 米的称为小灌木，越冬时地面部分枯死，但根部仍然存活，第二年继续萌生新枝，则称为半灌木或亚灌木。如一些蒿类植物，也是多年生木本植物，但冬季枯死。常见灌木有玫瑰、杜鹃、荆条、牡丹、小檗、黄杨、迎春、月季等。

01▶ 细叶小檗
Berberis poiretii Schneid

　　小檗科小檗属，落叶灌木，高 1~2 米，老枝灰黄色，幼枝紫褐色，生黑色疣点，具条棱。叶纸质，倒披针形，偶披针状匙形，两面无毛，全缘，近无柄。穗状总状花序具 8~15 朵花，花梗无毛，花黄色，苞片条形，小苞片 2，披针形，萼片 2 轮，花瓣倒卵形或椭圆形。浆果长圆形，红色，不被白粉。花期 5~6 月，果期 7~9 月。分布于东北、华北、西北等地；常生于砾质地、山地灌丛、草原化荒漠、山沟河岸或林下。根皮、茎皮含小檗碱，为提制黄连素的原料。

02 ▶ 太平花
Philadelphus pekinensis Rupr.

　　虎耳草科山梅花属，丛生灌木，高 1~2 米，分枝较多，树皮栗褐色薄片状剥落，小枝光滑无毛。叶对生，卵形或阔椭圆形，缘具齿，稀近全缘，两面无毛，叶柄无毛。总状花序有花 5~9 朵，黄绿色，无毛，花梗无毛，花瓣白色，倒卵形，雄蕊 25~28，花盘和花柱无毛。蒴果近球形，种子具短尾。花期 5~7 月，果期 8~10 月。分布于东北、华北、西北等地；生于山坡、林地、沟谷或溪边向阳处。栽培供观赏。

03 ▶ 东陵绣球
Hydrangea bretschneideri Dipp.

虎耳草科绣球属，落叶灌木，高 1~3 米。树皮条片状剥落。单叶对生，长卵形或椭圆形，边缘具尖齿。伞房花序顶生，花絮边缘为不孕花，有大型萼片 4，白色，花瓣状，两性花较小，淡白色，萼裂片 5，花瓣 5。蒴果卵形。花期 6~7月，果期 9~10 月。分布于东北、华北、西北等地；生于山坡、山谷林下、林缘。花美丽，庭院绿化，优良观赏树种。

04 ▶ 东北茶藨子
Ribes mandshuricum (Maxim.) Kom.

虎耳草科茶藨子属，落叶灌木，高1~3米，小枝灰色，具短柔毛，无刺。叶宽大，裂片卵状三角形，缘具不整齐粗锐锯齿，叶柄具毛。花两性，总状花序，花序轴和花梗密被短柔毛，萼片倒卵状舌形，花瓣近匙形，浅黄绿色，雄蕊稍长于萼片，花药近圆形，红色。果实球形，红色，无毛，味酸可食。花期4~6月，果期7~8月。分布于东北、华北、西北等地；生于山坡或山谷针、阔叶混交林下或杂木林内，海拔300~1800米。果实味酸可食，并可制果酱或酿酒。

05 ▶ 大花溲疏
Deutzia grandiflora Bunge

虎耳草科溲疏属，灌木，高约 2 米，树皮灰褐色，小枝淡灰褐色。叶卵形至卵状椭圆形，具不整齐细密锯齿，疏被星状毛，叶柄长 2~3 毫米。聚伞花序，1~3 花生于枝顶，花较大，白色，花萼被星状毛，花瓣在花蕾期镊合状排列。蒴果半球形，花柱宿存。花期 4~5 月，果期 6~7 月。分布于山东、河北、陕西、内蒙古、辽宁等地；生于丘陵或低山坡灌丛中，较溲疏耐寒。花大而开花早，颇美丽，宜作庭院植物；也可作山坡水土保持树种；花枝可瓶插观赏，果入药。

06 ▶ 小花溲疏
Deutzia parviflora Bunge

　　虎耳草科溲疏属，灌木，高约2米，老枝灰褐色，表皮片状脱落。单叶对生，纸质，卵形或卵状披针形，缘具细锯齿，两面均有星状毛，中脉上具白色长柔毛，叶柄疏被星状毛。伞房花序具多花，萼筒杯状，花瓣白色，阔倒卵形或近圆形，两面均被毛，花蕾时覆瓦状排列，雄蕊10，花丝扁。蒴果球形。花期5~6月，果期8~10月。分布于东北、华北、西北等地；生于山坡、沟边、林缘。花多而美丽，庭园栽植供观赏。

07 ▶ 三裂绣线菊
Spiraea trilobata L.

蔷薇科绣线菊属，灌木，高 1~2 米，小枝呈"之"字形弯曲，嫩时褐黄色，无毛，老时暗灰褐色。叶片近圆形，边缘自中部以上有少数圆钝锯齿，两面无毛，基部具显著 3~5 脉。伞形花序具总梗，无毛，有花 15~30 朵，苞片线形或倒披针形，萼筒钟状，萼片三角形，花瓣宽倒卵形。蓇葖果开张，花柱顶生稍倾斜，具直立萼片。花期 5~6 月，果期 7~8 月。分布于东北、华北等地；生于岩石向阳坡地或灌木丛中。栽培可供观赏；叶、果实入药，活血祛瘀，消肿止痛。

08 ▶ 土庄绣线菊
Spiraea pubescens Turcz.

　　蔷薇科绣线菊属，灌木，高 1~2 米，小枝开展，嫩时被短柔毛，褐黄色。叶片菱状卵形至椭圆形，缘具深刻锯齿，有时 3 裂，上下均有短柔毛。伞形花序具总梗，有花 15~20 朵，苞片线形，萼筒钟状，花瓣卵形或近圆形，白色，雄蕊约与花瓣等长，花盘圆环形，具 10 个裂片。蓇葖果开张，花柱顶生，多数具直立萼片。花期 5~6 月，果期 7~8 月。分布于东北、华北等地；生于干燥岩石坡地、向阳或半阴处、杂木林内。可作庭院及风景绿化材料；也可作绿篱。

09▶ 水枸子
Cotoneaster multiflorus Bunge

蔷薇科枸子属，落叶灌木，高达 4 米，枝条细瘦，常呈弓形弯曲。叶片卵形或宽卵形，先端急尖或圆钝，基部宽楔形或圆形，具叶柄，托叶线形，疏生柔毛。花多数，约 5~21朵，成疏松的聚伞花序，苞片线形，萼筒钟状，萼片三角形，花瓣平展，近圆形，白色，雄蕊约 20，稍短于花瓣。果实近球形或倒卵形。花期 5~6 月，果期 8~9 月。分布于东北、华北、西北、西南等地；生于沟谷、山坡杂木林中。夏季密着白花，可观赏；作苹果砧木，有矮化之效。

10 ▶ 山楂叶悬钩子
Rubus crataegifolius Bunge

　　又名牛迭肚。蔷薇科悬钩子属，直立灌木，高 1~3 米，枝具沟棱，有微弯皮刺。单叶互生，卵形至长卵形，3~5 掌状分裂，裂片有不规则缺刻状锯齿。托叶线形，几无毛。花数朵簇生或成短总状花序，常顶生，萼片 5，反折，花瓣 5，白色。聚合果近球形，暗红色。花期 5~6 月，果期 7~9 月。分布于东北、华北、华东等地；生于向阳山坡灌木丛中或林缘，常在山沟、路边成群生长。果可制果酱或酿酒；茎皮含纤维，可作造纸及制纤维板原料；果和根入药，补肝肾、祛风湿。

11▶ 刺玫蔷薇
Rosa davurica Pall.

蔷薇科蔷薇属，直立灌木，高约 1.5 米，分枝较多，小枝圆柱形，有黄色皮刺。小叶 7~9，长圆形或阔披针形，缘具齿，叶柄和叶轴有柔毛。花单生于叶腋，或 2~3 朵簇生，萼筒近圆形，萼片披针形，花瓣粉红色，倒卵形。果近球形或卵球形，红色，光滑，萼片宿存，直立。花期 6~7 月，果期 8~9 月。分布于东北、华北、西北的丘陵山区；生于疏林地或林缘。果实可生食；种子可榨玫瑰精油；花可提取芳香油，可酿酒；花、果、根叶和根皮均可入药。

12 ▶ 欧李
Cerasus humilis (Bunge) Sok.

蔷薇科李属，落叶灌木，高 1~1.5 米，树皮灰褐色，小枝被柔毛。叶互生，长圆形或椭圆状披针形，边缘有浅细锯齿，托叶线形，早落。花与叶同时开放，单生或 2 朵并生，萼片 5，花瓣 5，白色或粉红色，雄蕊多数。核果近球形，熟时鲜红色。花期 4~5 月，果期 5~6 月。分布于东北、华北等地；生于荒山坡或沙丘边。种子入药，润肠通便，利水消肿。

13 ▶ 毛樱桃
Cerasus tomentosa (Thunb.) Wall

　　蔷薇科樱属，灌木，高可达 2~3 米，小枝紫褐色或灰褐色。叶片卵状椭圆形，缘具齿，叶柄被绒毛，托叶线形，被长柔毛。花单生或 2 朵簇生，花叶同开，萼筒管状或杯状，花瓣白色或粉红色，雄蕊短于花瓣，花柱伸出与雄蕊近等长或稍长。核果近球形，红色。花期 4~5 月，果期 6~9 月。分布于东北、华北、西北、西南等地的丘陵地区；生于山坡林中、林缘、灌丛中或草地。果实可食、酿酒；种仁可制肥皂及润滑油用；种仁入药，有润肠利水之效；栽培供观赏。

14▶ 河北木蓝
Indigofera bungeana Walp.

　　豆科木蓝属，直立灌木，高 40~100 厘米，茎褐色，有皮孔，枝银灰色。羽状复叶，具叶柄，托叶三角形，早落，小叶 2~4 对，对生，椭圆形，两面被丁字毛。总状花序腋生，苞片线形，花萼被白色丁字毛，花冠紫色。荚果褐色，线状圆柱形。花期 5~6 月，果期 8~10 月。分布于东北、华北、西北等地；常生于山坡灌丛及疏林内或岩缝中。花期甚长，是盛夏良好的观花植物；全草药用，可清热解毒、消肿止痛、外敷治创伤。

15 ▶ 花木蓝
Indigofera kirilowii Maxim. ex Palibin

豆科木蓝属，小灌木，高 30~100 厘米，茎圆柱形，幼枝有棱。羽状复叶具叶柄，托叶披针形，早落，小叶 2~5 对，对生，阔卵形，两面散生白色"丁"字毛，小叶具柄，密生毛。总状花序，疏花，苞片线状披针形，花萼杯状，外面无毛，有缘毛，花冠淡红色，稀白色，花瓣近等长。荚果棕褐色，圆柱形。花期 5~6 月，果期 7~10 月。分布于东北、华北、华东等地；常生于山坡灌丛及疏林内或岩缝中。宜作花篱、道路绿化；根茎入药，可清热解毒、消肿止痛、通便。

16 ▶ 紫穗槐
Amorpha fruticosa L.

豆科紫穗槐属，落叶灌木，丛生，高1~4米，小枝灰褐色，被疏毛。叶互生，奇数羽状复叶，小叶卵形或椭圆形，上面无毛，下面有白色短柔毛，具黑色腺点。穗状花序常1至数个顶生和枝端腋生，花有短梗，花萼被疏毛，萼齿三角形，较萼筒短，花冠紫色。荚果下垂，微弯曲，棕褐色。花果期5~10月。分布于东北、华北、西北、华东、华中等地；生于荒山坡、道路旁、河岸、盐碱地。是营养丰富的饲料植物；亦是蜜源植物。

17 萚子梢
Campylotropis macrocarpa (Bunge) Rehd.

豆科萚子梢属，灌木，高 1~3 米，小枝贴生柔毛。羽状复叶具 3 小叶，托叶狭三角形，叶柄稍密生短柔毛，小叶椭圆形，上面无毛，下面贴生短柔毛。总状花序腋生，苞片卵状披针形，小苞片近线形，花萼钟形，萼裂片狭三角形，花冠紫红色。荚果长圆形，边缘生纤毛。花期 8~9 月，果期 9~10 月。分布于东北、华北、西北、华东等地；产生于山坡、山沟、林缘或疏林下。花序美丽，可供园林观赏及作水土保持植物；枝条可编制筐篓；嫩叶可作牲畜饲料及绿肥。

18 ▶ 达呼里胡枝子
Lespedeza daurica (Laxm.) Schindl.

　　又名兴安胡枝子。豆科胡枝子属，小灌木，高达 1 米，茎单一或数个簇生。羽状复叶具 3 小叶，托叶线形，叶具柄，小叶长圆形，顶生小叶较大。总状花序腋生，较叶短或与叶等长，小苞片披针状线形，有毛，花萼 5 深裂，萼裂片披针形，与花冠近等长，蝶形花冠白色或黄白色，有时基部带紫色。荚果倒卵形，有毛，包于宿存花萼内。花期 7~8 月，果期 9~10 月。分布于东北、华北、西北、华中、西南等地；生于干山坡、草地、路旁及砂质地上。可作牧草，亦可作绿肥。

19 ▶ 多花胡枝子
Lespedeza floribunda Bunge

豆科胡枝子属，小灌木，高 0.3~1 米，根细长，茎常近基部分枝，枝有棱，被灰白色绒毛。羽状复叶具 3 小叶，小叶具柄，倒卵形。总状花序腋生，总花梗细长，显著超出叶，花冠紫色或蓝紫色，旗瓣椭圆形。荚果宽卵形，超出宿存萼，密被柔毛。花期 6~9 月，果期 9~10 月。分布于东北、华北、西北、华东、西南等地；生于海拔 1300 米以下的石质山坡。可作牧草和绿肥。

20▶ 阴山胡枝子
Lespedeza inschanica (Maxim.) Schindl.

　　豆科胡枝子属，灌木，高达 80 厘米，茎直立或斜升。叶具柄，羽状复叶具 3 小叶，小叶长圆形或倒卵状长圆形，顶生小叶较大。总状花序腋生，与叶近等长，具 2~6 朵花，小苞片长卵形或卵形，背面密被伏毛，边有缘毛，花萼 5 深裂，花冠白色。荚果倒卵形。花期 8~9 月，果期 9~10 月。分布于东北、华北、华东、西南等地；生于山坡草地、山谷路旁灌丛、林下。全株入药，可治水泻、痢疾等症；优良的牧草资源。

21 ▶ 绒毛胡枝子
Lespedeza tomentosa (Thunb.) Sieb. ex Maxim.

　　豆科胡枝子属，灌木，高达 1 米，全株密被黄褐色绒毛，茎直立。托叶线形，羽状复叶具 3 小叶，小叶质厚，椭圆形或卵状长圆形，边缘稍反卷，具叶柄。总状花序顶生或腋生，苞片线状披针形，有毛，花萼 5 深裂，花冠黄色或黄白色。荚果倒卵形，表面密被毛。花期 7~9 月，果期 8~10 月。除新疆及西藏外全国各地普遍生长；生于干山坡草地及灌丛间。水土保持植物，又可作饲料及绿肥；根药用，健脾补虚，有增进食欲及滋补之效。

22 ▶ 北京锦鸡儿
Caragana pekinensis Kom.

　　豆科锦鸡儿属，灌木，高 1~2 米，老枝皮褐色或黑褐色，幼枝密被短绒毛。羽状复叶有 6~8 对小叶，小叶椭圆形或倒卵状椭圆形，先端钝或圆，具刺尖，两面密被灰白色伏贴短柔毛，托叶宿存，硬化成针刺。花梗 2 个并生或单生，有时 3~4 个簇生，花萼管状钟形，萼齿宽三角形，花冠黄色。荚果扁，后期密被柔毛。花期 4~5 月，果期 6~8 月。分布于华北地区；生于低山山坡或黄土丘陵。

23 ▶ 红花锦鸡儿
Caragana rosea Turcz.

豆科锦鸡儿属，直立灌木，高 40~100 厘米，树皮绿褐色或灰褐色，小枝细长，具条棱。托叶在长枝者成细针刺，叶柄脱落或宿存成针刺，叶假掌状。花梗单生，花冠黄色，常紫红色或全部淡红色，凋时变为红色。荚果圆筒形，具渐尖头。花期 4~5 月，果期 6~8 月。产于东北、华北、华东及河南、甘肃南部；生于山坡及沟谷。庭荫树，花密集，花期长，鲜艳。常作庭院绿化，特别适合作为高速公路两旁的绿化带。

24▶ 雀儿舌头
Leptopus chinensis (Bunge) Pojark.

　　大戟科雀舌木属，直立灌木，高达3米，茎上部和小枝条具棱。叶片膜质至薄纸质，卵形、近圆形，具叶柄，托叶小，卵状三角形，边缘被睫毛。花小，雌雄同株，单生或2~4朵簇生于叶腋，萼片、花瓣和雄蕊均为5，雄花花瓣白色，雌花花瓣倒卵形，花盘环状。蒴果圆球形或扁球形，萼片宿存。花期4~6月，果期5~8月。分布于东北、华北、华东、西南等地；生于山地灌丛、林缘、路旁、岩崖或石缝中。幼嫩枝叶有毒；水土保持和园林绿化树种。

25▶ 一叶萩
Flueggea suffruticosa (Pall.) Baill.

又名马黄绍。大戟科白饭树属，灌木，高 1~3 米，多分枝，全株无毛。叶片纸质，椭圆形，稀倒卵形，全缘，具叶柄，托叶卵状披针形，宿存。花小，雌雄异株，簇生于叶腋，雄花，3~18 朵簇生，萼片 5，雄蕊 5；雌花，萼片 5，椭圆形至卵形，近全缘，花盘盘状，全缘。蒴果三棱状扁球形，成熟时淡红褐色，有网纹。花期 5~7 月，果期 7~9 月。分布于东北、华北、西北、华东、华中、西南等地；生于山坡或路边。茎皮纤维供纺织；叶、花供药用，对神经系统有兴奋作用。

26 ▶ 文冠果
Xanthoceras sorbifolium Bunge

无患子科文冠果属，落叶灌木，高2~5米，小枝粗壮，褐红色，无毛。奇数羽状复叶互生，小叶纸质，披针形，缘具锐锯齿。花序先叶抽出或与叶同时抽出，花杂性同株，总状花序，多花，萼片5，花瓣5，白色，内侧基部有黄红斑晕，花盘5裂，裂片背面有角状附属物，雄蕊8。蒴果3室。花期4~5月，果期7~8月。中国特有，分布于东北、华北等地；生于向阳山坡或丘陵。蜜源植物；种子可榨油；常栽培供观赏。

27 ▶ 卫矛
Euonymus alatus (Thunb.) Sieb.

卫矛科卫矛属，灌木，高 1~3 米，小枝常具 2~4 列宽阔木栓翅。叶卵状椭圆形，缘具细齿，两面光滑无毛，具叶柄。聚伞花序 1~3 花，花白绿色，萼片半圆形，花瓣近圆形，雄蕊着生花盘边缘处，花丝极短，花药宽阔长方形。蒴果 1~4 深裂，裂瓣椭圆状，种子椭圆状或阔椭圆状。花期 5~6 月，果期 7~10 月。全国各地广泛分布；生长于山坡、沟地边沿。带栓翅枝条入药，称"鬼羽箭"；树皮、根、叶可提取硬橡胶，种子油供工业用。

28▶ 圆叶鼠李
Rhamnus globosa Bunge

鼠李科鼠李属，灌木，高 2~4 米，小枝近对生，顶端具针刺。叶纸质，对生，稀兼互生，或在短枝上簇生，近圆形或卵圆形，缘具圆齿状锯齿，叶柄被密柔毛，托叶有微毛。花单性，雌雄异株，常数个至 20 个簇生于短枝端或长枝叶腋，4 基数，有花瓣。核果球形，成熟时黑色。花期 4~5 月，果期 6~10 月。分布于东北、华北、华东、华中等地；生于山坡、林下或灌丛中。种子榨油供润滑油用；茎皮、果实及根可作绿色染料；果实和红糖水煎水服，可治肿毒。

29 ▶ 小叶鼠李
Rhamnus parvifolia Bunge

鼠李科鼠李属，灌木，高 1.5~2 米，小枝对生或近对生枝端及分叉处有针刺。叶纸质，对生或近对生，稀兼互生，或在短枝上簇生，菱状倒卵形或菱状椭圆形，缘具细齿，托叶具微毛。花单性，雌雄异株，黄绿色，4 基数，有花瓣，通常数个簇生于短枝上，花梗无毛，雌花花柱 2 半裂。核果倒卵状球形，成熟时黑色。花期 4~5 月，果期 6~9 月。分布于东北、华北、西北等地；生于向阳山坡、草丛或灌丛中。果实入药；叶可代茶；为良好的水土保持树种。

30 ▶ 冻绿
Rhamnus utilis Decne.

　　鼠李科鼠李属，灌木或小乔木，高达4米，小枝褐色，对生或近对生，枝端常具针刺。叶纸质，对生或近对生，或在短枝上簇生，椭圆形或倒卵状椭圆形，顶端锐尖，基部楔形稀圆形，缘具细锯齿，托叶披针形，宿存。花单性，雌雄异株，4基数，具花瓣，雄花数个簇生于叶腋，有退化的雌蕊，雌花2~6个簇生于叶腋或小枝下部，退化雄蕊小。核果近球形，具2分核。花期4~6月，果期6~8月。分布于西北、华北、华东、华南、西南等地；生于山地、丘陵、山坡草丛、灌丛或疏林下。栽培可观赏；种子油作润滑油；果实、树皮及叶合黄色染料。

31 ▶ 酸枣
Ziziphus jujuba Mill. var. *spinosa* (Bunge) Hu ex H. F. Chow

鼠李科枣属，落叶灌木，高1~4米，小枝呈"之"字形弯曲，紫褐色。酸枣树上的托叶刺有2种，一种直伸，长达3厘米，另一种常弯曲。叶互生，叶片椭圆形至卵状披针形，缘具细锯齿，基部三出脉。花黄绿色，2~3朵簇生于叶腋。核果小，近球形或短矩圆形，熟时红褐色，味酸，核两端钝。花期5~6月，果期9~10月。分布于华北、西北等地；生于向阳山坡、山谷及路旁。良好的水土保持树种，也是北方重要的蜜源植物；种仁入药，能镇静安神。

32 ▶ 木槿
Hibiscus syriacus L.

　　锦葵科木槿属，落叶灌木，高 3~4 米，小枝密被黄色星状绒毛。叶菱形至三角状卵形，有明显 3 主脉，边缘具不整齐齿缺；叶柄被星状柔毛。花单生于枝端叶腋间，小苞片线形，密被星状疏绒毛，花萼钟形，花钟形，色彩有纯白、淡粉红、淡紫、紫红等，花瓣倒卵形。蒴果卵圆形，密被黄色星状绒毛。花果期 7~10 月。栽培供观赏；种子入药，称"朝天子"。

33 ▶ 孩儿拳头
Grewia biloba G. Don

椴树科扁担杆属，灌木，高 1~4 米，多分枝，嫩枝被粗毛。叶薄革质，椭圆形，两面有稀疏星状粗毛，边缘有细锯齿，叶柄被粗毛，托叶钻形。聚伞花序腋生，多花，与叶对生，花小，萼片 5，花瓣 5，淡黄色，苞片钻形。核果红色，2 裂，每裂有 2 小核。花期 5~7 月，果期 8~9 月。分布于东北、华北、华东、西南等地；生长于沟渠边、灌丛、低山阳坡干燥地。茎皮纤维可制人造棉；水土保持、园林观赏树种。

34 ▶ 河朔荛花
Wikstroemia chamaedaphne Meisn

　　瑞香科荛花属，灌木，高约 1 米，幼枝近四棱形，绿色，后变为褐色。叶对生，无毛，近革质，披针形，叶柄极短，近于无。圆锥花序顶生，花黄色。果卵形，干燥。花期 6~8 月，果期 8~9 月。分布于华北、西北、华东、西南等地；生于海拔 500~1900 米的山坡及路旁。有毒，可驱虫；纤维可造纸，作人造棉，茎叶可作土农药毒杀害虫。

35 ▶ 胡颓子
Elaeagnus umbellata Thunb.

胡颓子科胡颓子属，落叶灌木，高达4米，枝常具刺，密被银白色鳞片。单叶互生，长圆形至披针形，全缘，表面被星状毛，背面被白色和褐色鳞片。花黄白色，芳香，2~7朵簇生，花被管状漏斗形，4裂。坚果多汁，被白色鳞片，熟时红色。花期4~5月，果期7~8月。分布于我国华北、东南、西南、西北各地；生于向阳的林缘、灌丛以及荒坡、沟边。果实可食；水土保持、园林观赏树种。

36 ▶ 无梗五加
Eleutherococcus sessiliforu (Rupr. et Maxim.) S.Y.Hu

　　五加科五加属，灌木，高 2~5 米，枝疏生刺。掌状复叶互生，小叶纸质，倒卵形至长圆状披针形，缘具不整齐锯齿，具叶柄。头状花序紧密，球形，有花多数，常 5~6 个再组成顶生圆锥花序，花无梗，萼密生白色绒毛，边缘有 5 小齿，花瓣 5，卵形，浓紫色。果实倒卵状椭圆球形，黑色，稍有棱。花期 8~9 月，果期 9~10 月。分布于东北、华北等地；生于海拔 200~1000 米林缘及灌丛中。根皮为著名中药，祛风化湿、健胃利尿，提高机体抵抗力。

37 ▶ 照山白
Rhododendron micranthum Turcz.

杜鹃花科杜鹃属，常绿灌木，高可达 2.5 米，茎灰棕褐色，幼枝被鳞片及细柔毛。叶集生枝顶近革质，长圆形至披针形，全缘，上面疏被鳞片，下面密被鳞片。总状花序顶生，多花密集，花冠钟状，白色，花裂片 5。蒴果长圆形，被疏鳞片。花期 5~6 月，果期 8~11 月。分布于东北、华北、华中、西南等地；生于山坡灌丛、山谷、峭壁及石岩上。有剧毒，幼枝尤甚，牲畜误食易中毒死亡；枝叶入药，祛风、止咳。

38▶ 迎红杜鹃
Rhododendron mucronulatum Turcz.

杜鹃花科杜鹃属，落叶灌木，高 12 米，分枝多，幼枝细长，疏生鳞片。叶片质薄，互生，椭圆形至披针形，全缘，两面疏生鳞片，具叶柄。花单生或 2~5 朵簇生，先叶开放，花萼 5 裂，花冠漏斗状，淡紫红色，5 裂。蒴果圆柱形，密被褐色鳞片，花柱宿存。花期 4~6 月，果期 5~7 月。分布于东北、华北、华东等地；生于山坡林下及灌丛中。花美丽供观赏；叶药用，可祛痰、止咳。

39 ▶ 巧玲花
Syringa pubescens Turcz.

又名毛叶丁香。木犀科丁香属，灌木，高1~4米，树皮灰褐色，小枝四棱形，无毛，疏生皮孔。叶片卵形或卵圆形，叶缘具睫毛，上面深绿色，无毛，下面淡绿色，被短柔毛，叶柄细弱，无毛。圆锥花序直立，花序轴与花梗、花萼略带紫红色，无毛，花冠紫色，盛开时呈淡紫色，后渐近白色。蒴果长椭圆形。花期5~6月，果期6~8月。分布于华北、西北等地；生于山坡、山谷灌丛中及河边沟旁。花美而香，栽培供观赏。

40 ▶ 小叶女贞
Ligustrum quihoui Carr.

　　木犀科女贞属，落叶灌木，高 1~3 米，小枝淡棕色。叶片薄革质，披针形或倒卵形，叶缘反卷，常具腺点，两面无毛，叶柄无毛。圆锥花序顶生，近圆柱形，分枝处常有 1 对叶状苞片，小苞片卵形，具睫毛，花萼无毛，花冠白色，花丝与花冠裂片近等长。果倒卵形或近球形，呈紫黑色。花期5~7 月，果期 8~11 月。分布于华北、西北、华东等地；生于沟边、路旁或河边灌丛中，或山坡。栽培供观赏；叶入药具清热解毒等功效；树皮入药治烫伤。

41 ▶ 薄皮木
Leptodermis oblonga Bunge

茜草科野丁香属，落叶灌木，高达 1 米，枝柔弱，灰色或灰褐色，被微柔毛。叶纸质，对生或三叶轮生，矩圆状倒披针形，全缘。花 2~10 朵簇生枝顶或叶液，淡红色或堇紫色，花冠漏斗状，蒴果椭圆形。花期 5~6 月，果期 8~9 月。分布于华北、西北、华中、西南等地；生于低山坡或阴坡灌丛中。可栽培供观赏。

42 ▶ 荆条
Vitex negundo L. var. *heterophylla* (Franch.) Rehd.

　　马鞭草科牡荆属，落叶灌木，高1~5米，小枝四棱。叶对生、具长柄，5~7出掌状复叶，小叶椭圆状卵形，背面灰白色，被柔毛。花组成疏展的圆锥花序，花萼钟状，具5齿裂，宿存，花冠蓝紫色，二唇形，雄蕊和花柱稍外伸。核果，球形或倒卵形。花期6~8月，果期7~10月。中国北方地区广为分布，常生于山地阳坡上，形成灌丛，资源极丰富。主要靠播种或分株繁殖。优良蜜源植物；枝条供编织；栽培观赏。

43 ▶ 接骨木
Sambucus williamsii Hance

忍冬科接骨木属，落叶灌木，高达 4 米，茎无棱，多分枝，灰褐色，无毛。叶对生，奇数羽状复叶，小叶卵形，缘具粗锯齿，两面无毛。花与叶同出，圆锥形聚伞花序顶生，花小而密，萼筒杯状，花冠蕾时带粉红色，开后白色或淡黄色，筒短。果实红色，极少蓝紫黑色，卵圆形，略有皱纹。花期 4~5 月，果期 7~9 月。产于东北、华北、西北、华东、华南、西南等地；生于海拔 540~1600 米的山坡、灌丛、沟边、路旁、宅边等地。接骨木主要具有中医药用途。

44 ▶ 毛核木
Symphoricarpos sinensis Rehd.

忍冬科毛核木属，直立灌木，高 1~2.5 米，幼枝红褐色，纤细，被短柔毛。叶菱状卵形至卵形，顶端尖或钝，基部楔形或宽楔形，全缘，两面无毛，近基部三出脉，具叶柄。花小，无梗，单生于短小、钻形苞片的腋内，组成一短小的顶生穗状花序，花冠白色，钟形，雄蕊 5 枚，与花冠等长或稍伸出，花药白色。果实卵圆形，蓝黑色，具白霜。花期 7~9 月，果期 9~11 月。分布于西北、华北、西南等地；生于山坡灌木林中。

45 ▶ 六道木
Abelia biflora Turcz.

忍冬科六道木属，落叶灌木，高1~3米，幼枝被倒生硬毛，老枝无毛。叶矩圆形，全缘或具缺刻状锯齿，两面疏被柔毛，叶柄被硬毛。花单生于小枝上叶腋，无总花梗，小苞片三齿状，花后不落，萼筒圆柱形，花冠白色、淡黄色，狭漏斗形，外面被短柔毛。果微弯，疏被刺毛。花期6~7月，果期8~9月。分布于我国黄河以北的辽宁、河北、山西等省；生于山坡灌丛、林下及沟边。可列植于路旁作为花篱，或者北方山区水土保持树种；入药可祛风除湿；为优良的行道和绿篱树种。

46 ▶ 金花忍冬
Lonicera chrysantha Turcz.

　　忍冬科忍冬属，落叶灌木，高达 4 米，幼枝、叶柄和总花梗常被开展的微糙毛和腺。叶纸质，菱状卵形或卵状披针形，两面脉上被直或稍弯的糙伏毛，中脉毛较密，有直缘毛，具叶柄。总花梗细，苞片条形，常高出萼筒，相邻两萼筒分离，萼齿圆卵形，花冠先白色后变黄色，唇形，雄蕊和花柱短于花冠。果实红色，圆形。花期 5~6 月，果熟期 7~9 月。分布于东北、华北、西北、西南等地；生于沟谷、林下或林缘灌丛中。

47 ▶ 北京忍冬
Lonicera elisae Franch.

忍冬科忍冬属，落叶灌木，株高达2米，幼枝被微毛。叶卵状椭圆形，两面被短柔毛。叶和花同时开放，花柄从当年枝基部腋内生出，苞片卵状披针形，相邻两花的萼筒分离，萼齿钝，萼筒和萼齿均被腺毛和刚毛，花冠漏斗状，白色或粉红色，雄蕊5，几乎不伸出花冠，花柱无毛，稍伸出。浆果，熟时红色，椭圆形。花期4月，果期5~6月。分布于河北、山西、陕西等省；多生长于沟谷、山坡丛林以及灌丛中。浆果可食，栽培供观赏。

48 ▶ 蚂蚱腿子
Myripnois dioica Bunge

菊科蚂蚱腿子属，落叶小灌木，高 60~80 厘米，枝多而细直，具纵纹，被短柔毛。叶纸质，椭圆形或卵状披针形，全缘，叶柄被柔毛。头状花序，总苞钟形或近圆筒形，花雌性和两性异株，先叶开放，雌花花冠紫红色，舌状，两性花花冠白色。瘦果纺锤形，密被毛。花果期 4~5 月。产于东北、华北、西北各地区。生于山坡或林缘路旁，海拔 400 米以上，局部可形成优势种，为山地中生灌木。植株低矮，可用于基础种植，或作疏林下木；春天观花。

$\mathcal{C}ine\ plant$

藤本植物

　　藤本植物，又名攀缘植物，是指茎部细长，不能直立，只能依附在其他物体或匍匐于地面上生长的一类植物。藤本依其茎质地的不同，又可分为木质藤本（如葡萄、紫藤等）与草质藤本（如牵牛花、长豇豆等）。藤本植物在一生中都需要借助其他物体生长或匍匐于地面，但也有的植物随环境而变，如果有支撑物，它会成为藤本，但如果没有支撑物，它会长成灌木，如漆树科和茄科的一些品种。藤本植物节省了用于生长支撑组织的能量，能更有效地吸收阳光，所以适应性强，生长快，可以快速地成为优势物种占据生态空间。也有一些生活在热带的藤本植物是耐阴的，在雨林中可以借助大树遮阴。藤本植物分为许多不同的种类，它们的攀爬方式也不一样。缠绕类藤本植物需要可供它们缠绕的物体，新生的枝条会在生长过程中缠住支撑物。如猕猴桃、南蛇藤、牵牛花等。具有卷须的藤本植物需要细线、铁丝或窄小的支撑物供其抓握，如铁线莲、葡萄树等。藤本植物是园林绿化中常用的植物材料，利用其攀缘特性拓展垂直绿化空间，提高整体绿化水平，改善生态环境。

01 ▶ 芹叶铁线莲
Clematis aethusifolia Turcz.

　　毛茛科铁线莲属，多年生草质藤本，根细长，棕黑色，茎纤细，有纵沟，微被柔毛。单叶对生，二至三回羽状羽状细裂，末回裂片线形，小叶柄边缘有时具翅。聚伞花序腋生，含 1~3 花，花萼钟状，萼片 4，淡黄色。瘦果宽卵形。花期 7~8 月，果期 8~9 月。分布于华北、西北等地；生于石质山坡及沙地柳丛中，也见于河谷草甸。全草可做透骨草入药，能散风祛湿、活血止痛，但本种有毒，慎用。

02 ▶ 短尾铁线莲
Clematis brevicaudata DC.

　　毛茛科铁线莲属，多年生藤本，枝有棱，茎长 1~3 米，分枝紫褐色。二回羽状复叶或三出复叶，对生，小叶薄纸质，卵形至披针形，边缘疏生锯齿。圆锥状聚伞花序，多花，萼片 4，开展，白色或淡黄色，雄蕊多数。瘦果卵形，密被毛，宿存花柱羽毛状。花期 6~8 月，果期 8~9 月。分布于东北、华北、华东、西北、西南等地；生于山地灌丛、林缘或平原路旁。藤茎入药，清热利尿、通乳、消食、通便；也常用于园林绿化中。

03 ▶ 长瓣铁线莲
Clematis macropetala Ledeb.

又名大瓣铁线莲。毛茛科铁线莲属，木质藤本，长约2米，幼枝微被柔毛，老枝光滑无毛。二回三出复叶，小叶片9枚，纸质，卵状披针形或菱状椭圆形，基部楔形或近于圆形，边缘有整齐的锯齿或分裂，两面近于无毛。花单生于当年生枝顶端，花萼钟状，萼片4枚，蓝色或淡紫色，退化雄蕊成花瓣状，与萼片等长或微短。瘦果倒卵形。花期6~7月，果期7~8月。分布于西北、华北等地；生于荒山坡、草坡岩石缝中及林下。

04 ▶ 羽叶铁线莲
Clematis pinnata Maxim.

毛茛科铁线莲属，多年生藤本，枝有棱，密生短柔毛，后变疏。一回羽状复叶，有 5 小叶，基部一对常 2~3 裂以至 2~3 小叶，小叶片卵形至卵圆形，缘具齿，两面近无毛，具叶柄。圆锥状聚伞花序多花，腋生或顶生，常比叶短，花梗密生短柔毛，萼片 4，直立，花白色。花期 7~8 月，果期 8~10 月。分布于华北；生于山坡或沟谷中。花色丰富，栽培供观赏。

05 ▶ 蝙蝠葛
Menispermum dauricum DC.

防己科蝙蝠葛属，多年生草本花卉，落叶藤本，小枝绿色。叶互生，肾形或卵圆形，全缘或 3~7 浅裂，叶柄盾状着生。花单性异株，短圆锥花序腋生，花小，淡绿色，核果近球形，紫黑色。花期 5~6 月，果期 7~9 月。分布于东北、华北和华东。可观叶观花，垂直绿化等。根和茎含山豆根碱、汉防己碱等多种生物碱，有剧毒，供药用。

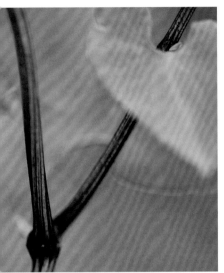

06 ▶ 北马兜铃
Aristolochia contorta Bunge

　　马兜铃科马兜铃属，草质藤本，茎长达 2 米以上，无毛，干后有纵槽纹。叶纸质，卵状心形或三角状心形，全缘。总状花序，生于叶腋，黄绿色，常具紫色纵脉和网纹。蒴果宽倒卵形或椭圆状倒卵形，成熟时黄绿色，种子三角状心形，灰褐色。花期 5~7 月，果期 8~10 月。产于北京、东北、华北等地。北马兜铃药用，茎叶称天仙藤，有利尿之效。果称马兜铃，有清热降气、止咳平喘之效。根称青木香，有小毒，具健胃、理气止痛之效，并有降血压的作用。

07 ▶ 葛
Pueraria lobata（Willd.）Ohwi

豆科葛属，多年生缠绕藤本，长可达 8 米，全体被黄色长硬毛。羽状复叶具 3 小叶，顶端小叶较大，菱卵形，全缘或 3 浅裂，侧生小叶斜卵形。总状花序腋生；花多数，萼钟形，被黄褐色柔毛，蝶形花冠紫色。荚果长椭圆形，被褐色长硬毛。花期 6~8 月，果期 8~9 月。分布于中国南北各地，除新疆、青海及西藏外，分布几遍全国；生于山地疏或密林中。葛根制成粉，可食用；根、茎、叶、花均可入药，清凉、解酒、降压、减肥。

08 ▶ 南蛇藤
Celastrus orbiculatus Thunb.

　　卫矛科南蛇藤属，落叶藤状灌木，小枝光滑无毛，棕褐色，具稀而不明显的皮孔。叶互生，宽椭圆形至近圆形，缘具粗锯齿。聚伞花序顶生或腋生，花单性异株，黄绿色，雄花5数，具退化的雌蕊，雌花花柱细长，柱头3裂。蒴果球形，黄色，熟后3裂。种子红褐色，有红色的假种皮。花期5~6月，果期7~10月。广泛分布于全国各地；生于山谷、山坡的灌丛及疏林中。根、茎、叶和果入药；种子油为工业原料。

09▶ 乌头叶蛇葡萄
Ampelopsis aconitifolia Bunge

葡萄科蛇葡萄属，木质藤本，小枝圆柱形，有纵棱纹，被疏柔毛。卷须与叶对生。叶宽卵形，掌状 3~5 全裂，裂片披针形或菱状披针形，顶端渐尖。花序为疏散的伞房状复二歧聚伞花序，萼碟形，花瓣 5。浆果近球形，成熟时橙黄色。花期 5~6 月，果期 8~9 月。分布于中国多省市，多生于路边、沟边、山坡林下灌丛中、山坡石砾地及砂质地，耐阴。多用于篱垣、林缘地带，还可以作棚架绿化。根皮入药，用于跌打损伤、骨折、疮疖肿痛等。

10 ▶ 葎叶蛇葡萄
Ampelopsis humulifolia Bunge

　　葡萄科蛇葡萄属，落叶木质藤本。叶硬纸质，近圆形至阔卵形，3~5 掌状中裂或近深裂，先端渐尖，基部心形或近截形，边缘有粗齿。聚伞花序与叶对生，疏散，有细长总花梗，花小，淡黄色，萼杯状，花瓣 5，雄蕊 5，与花瓣对生，花盘浅杯状，子房 2 室。浆果球形，径 6~8 毫米，淡黄色或蓝色。花期 5~6 月，果期 7~8 月。产于内蒙古、辽宁、青海、河北、山西、陕西、河南、山东；生于山沟地边或灌丛林缘或林中。

11 ▶ 山葡萄
Vitis amurensis Rupr.

葡萄科葡萄属，木质藤本，小枝圆柱形，无毛。卷须与叶对生，单叶互生，阔卵圆形，3~5 浅裂或中裂，秋季常变红。圆锥花序疏散，与叶对生，萼碟形，花盘发达；浆果圆球形；黑紫色带蓝白色果霜。花期 5~6 月，果期 7~9 月。产于东北、华北等地。生于山坡、沟谷林中或灌丛中。果可鲜食和酿酒。

12 ▶ 赤瓟
Thladiantha dubia Bunge

葫芦科赤瓟属，攀援草质藤本，全株被黄白色长硬毛，卷须不分枝；根块状。茎长达4米，有棱沟。叶互生，宽卵状心形，边缘浅波状，有大小不等的细齿，两面粗糙，具柄。花单性异株，花萼短钟状，5裂，反折，花冠钟状，黄色，5深裂。果实卵状长圆形，橙黄色或红棕色，有光泽，被柔毛；种子卵形，黑色。花期6~8月，果期8~10月。分布于东北、华北、西北等地；生于沟谷、山地草丛及村舍附近。果实和块根入药，活血化瘀。

13 ▶ 杠柳
Periploca sepium Bunge

萝藦科杠柳属，落叶缠绕灌木，高达 1 米，主根圆柱状，具乳汁，除花外，全株无毛。小枝常对生，黄褐色，枝上有圆点状突起的皮孔。叶对生，叶片披针形。聚伞花序腋生或顶生，花冠紫红色，辐状。蓇葖果近圆柱状。花期 5~6 月，果期 7~9 月。分布于东北、华北、西北、华东等地；生长于干燥山坡、砂质地、砾石山坡上。根皮、茎皮入药，祛风湿、壮筋骨。

14 ▶ 鹅绒藤
Cynanchum chinense R. Br.

萝藦科鹅绒藤属，缠绕草本，主根圆柱状，全株被短柔毛。叶对生，薄纸质，宽三角状心形，叶面深绿色，叶背苍白色，两面均被短柔毛。伞形聚伞花序腋生，两歧，着花约 20 朵，花萼外面被柔毛，花冠白色，裂片长圆状披针形，副花冠二形，杯状。蓇葖果，种子长圆形。花期 6~8 月，果期 8~10 月。分布于东北、华北、西北等地；生于海拔 500 米以下的山坡向阳灌木丛中或路旁、河畔、田埂边。乳汁有强心作用。

15▶ 萝藦
Metaplexis japonica (Thunb.) Makino

萝藦科萝藦属，多年生草质藤本，具乳汁，茎圆柱状，有纵条纹。叶膜质，对生，卵状心形，叶面绿色，叶背粉绿色，两面无毛，叶具柄。总状式聚伞花序腋生，有花 13~15 朵，花萼裂片披针形，花冠白色，有淡紫红色斑纹，近辐状。蓇葖果，纺锤形，平滑无毛。花期 6~9 月，果期 9~12 月。分布于东北、华北、华东、西北、西南等地；生长于林边荒地、山脚、河边、路旁灌木丛中。全草和果入药，补益精气、通乳、解毒。

16 ▶ 茜草
Rubia cordifolia L.

茜草科茜草属，草质攀缘藤木，根状茎红色，茎方柱形，有4棱。茎棱、叶柄、叶缘和下面中脉都有倒刺。叶通常4片轮生，纸质，披针形或长圆状披针形。聚伞花序成圆锥状，顶生或腋生，花小，具短柄，花冠淡黄色，5裂。果肉质，双头型，成熟时橘黄色。花期6~8月，果期8~9月。分布于全国大部分地区；生于山坡、路旁、溪边、山谷阴湿处、村落丛林边、林缘灌木丛中。根可作为红色染料，又可药用，有通经活血、化瘀的功效。

17 ▶ 田旋花
Convolvulus arvensis L.

旋花科旋花属，多年生草质藤本，近无毛，茎平卧，有棱。叶具柄，叶片戟形或箭形，全缘或3裂，有小突尖头。花1~3朵腋生，花梗细弱，苞片线性，萼片倒卵状圆形，无毛，花冠漏斗形，粉红色、白色。蒴果球形或圆锥状，无毛，种子椭圆形，无毛。花期5~8月，果期7~9月。分布于东北、华北、西北、华东、西南等地；生于耕地及荒坡草地、村边路旁。全草入药，可祛风、止痒、止痛。

18 ▶ 野海茄
Solanum japonense Nakai

又名山茄。茄科茄属，草质藤本，长 50~120 厘米，近无毛。叶三角状宽披针形或卵状披针形，边缘波状，近无毛，中脉明显，侧脉纤细，小枝上部的叶较小，卵状披针形。聚伞花序顶生或腋外生，被疏毛，萼浅杯状，花冠紫色。浆果圆形，种子肾形。花期 7~8 月，果期 9~10 月。分布于东北、华北、西北、华东、西南、华中等地；生长于荒坡、山谷、水边、路旁及山崖疏林下。全草入药，清热解毒、利尿消肿、祛风湿；叶可食，并能治马盘疮。

19 ▶ 穿龙薯蓣
Dioscorea nipponica Makino

薯蓣科薯蓣属，缠绕草质藤本。根状茎横生，圆柱形，多分枝。单叶互生，具叶柄，叶片掌状心形，边缘深浅不一的三角状裂，顶端叶片小，近于全缘，叶表面黄绿色，有光泽，近无毛。花雌雄异株，雄花序为腋生的穗状花序，苞片披针形，花被碟形，6裂；雌花序穗状，单生。蒴果枯黄色，三棱形。花期6~8月，果期8~10月。分布于东北、华北、华东、西北等地；生于山腰河谷、山坡灌木丛及林缘。根入药，祛风除湿、活血通络、止咳。

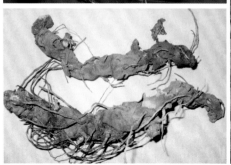

20▶ 薯蓣
Dioscorea opposita Thunb.

薯蓣科薯蓣属，缠绕草质藤本，茎通常带紫红色，无毛。单叶，茎下部叶互生，中部以上叶对生，很少3叶轮生，叶片三角状卵形或戟形，叶不裂，叶腋内常有珠芽。雌雄异株，花序轴明显呈"之"字状曲折，苞片和花被片有紫褐色斑点。蒴果不反折。花期6~9月，果期7~11月。分布于安徽淮河以南、江苏、广东中山牛头山等地。生于山坡、山谷林下，溪边、路旁的灌丛中或杂草中；或为栽培。块茎为常用中药"淮山药"，有强壮、祛痰的功效，又能食用。

H erb plant

草本植物

　　草本是一类植物的总称，而非植物分类学中的一个单元。人们通常将草本植物称作"草"，而将木本植物称为"树"，但偶尔也有例外，如竹子就属于草本植物，但人们经常将其看做是一种树。草本植物多在生长季节终了时，其整体部分死亡，包括一年生和二年生的草本植物，多年生草本植物的地上部分每年死去，而地下部分的根、根状茎及鳞茎等能生活多年。草本植物中，一年生、二年生和多年生的习性，有时会随地理纬度及栽培习惯的改变而变异，如小麦和大麦在秋播时为二年生草本，在春播时则成为一年生草本；又如棉花和蓖麻在江浙一带为一年生草本，而在低纬度的南方可长成多年生草本。草本植物和木本植物最显著的区别在于它们茎的结构，草本植物的茎为"草质茎"，茎中密布很多相对细小的维管束，充斥维管束之间的是大量的薄壁细胞，在茎的最外层是坚韧的机械组织。草本植物的维管束也与木本植物不同，维管束中的木质部分布在外侧而韧皮部则分布在内侧，这是与木本植物完全相反的，另外草本植物的维管束不具有形成层，不能不断生长，因而树会逐年变粗而草和竹子就没有这样的本领。相比于木质茎，草质茎是更进化的特征。

01 ▶ 蔓出卷柏
Selaginella davidii Franch.

卷柏科卷柏属，多年生常绿草本，土生或石生，匍匐，无横走根状茎。主茎通体羽状分枝，无关节，禾秆色，具沟槽，无毛。叶全部交互排列，二型，草质，表面光滑，明显具白边，不分枝主茎上叶排列紧密，较分枝上的大，绿色或黄色，边缘具细齿。分枝上的腋叶对称或不对称，卵状披针形，近全缘。孢子叶穗紧密，四棱柱形，孢子叶一形，卵圆形，缘具齿，具白边。大孢子白色，小孢子橘黄色。分布于全国大部分地区；生于灌丛中荫处、潮湿地或干旱山坡。

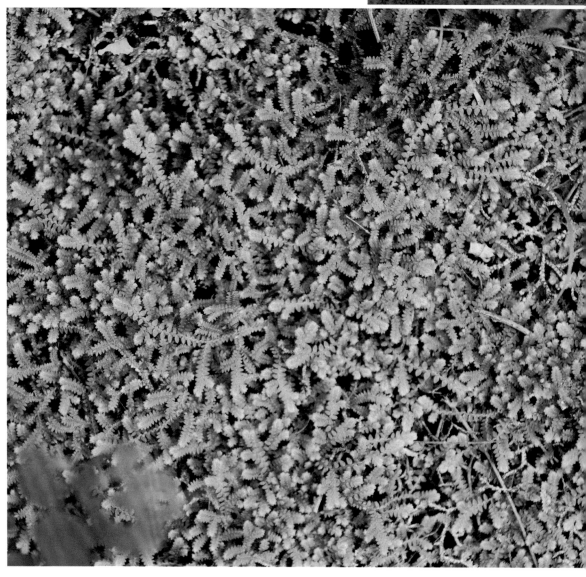

02 ▶ 垫状卷柏
Selaginella pulvinata (Hook. & Grev.) Maxim.

　　卷柏科卷柏属，旱生复苏植物，呈垫状。根散生，不聚生成短干，主茎短，禾秆色，分枝多而密。叶全部交互排列，二型，叶质厚，表面光滑，不具白边，边缘撕裂状。孢子叶穗紧密，四棱柱形，单生于小枝末端，孢子叶一形，不具白边，边缘撕裂状，具睫毛，大孢子黄白色或深褐色，小孢子浅黄色。分布于全国大部分地区，常见于石灰岩上。全草入药，可通经散血、止血生肌、活血祛瘀、消炎退热。

03 ▶ 中华卷柏
Selaginella sinensis (Desv.) Spring

又名护山网子。卷柏科卷柏属，多年生草本，高 15~45 厘米，茎纤细，无关节，禾秆色，不具纵沟，光滑无毛。叶全部交互排列，略二型，纸质，表面光滑，缘具白边。孢子叶穗紧密，四棱柱形，单个或成对生于小枝末端；孢子叶一形，卵形，边缘具睫毛，有白边，龙骨状，大孢子白色，小孢子橘红色。分布于东北、华北等地；多生于山坡阴处岩石上、山顶岩石上、向阳山坡石缝中、山坡灌丛下。全草入药，可清热利尿、清热化痰、止血、止泻。

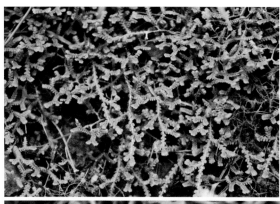

04 ▶ 问荆
Equisetum arvense L.

　　木贼科木贼属，多年生草本，根黑棕色，光滑无毛，枝二型，能育枝春季先萌发，黄棕色，无轮茎分枝，密纵沟，不育枝后萌发，高达40厘米，绿色，轮生分枝多。鞘筒狭长，绿色，鞘齿三角形，边缘膜质，淡棕色，宿存。孢子囊穗圆柱形，叶退化，孢子茎早春先发，常为紫褐色，肉质，不分支。分布于全国大部分地区；生于溪边或阴谷，河道沟渠旁、疏林、荒野和路边及草甸等处。孢子含油38%；全株入药，可利尿、止血。

05 ▶ 溪洞碗蕨
Dennstaedtia wilfordii (Moore) Christ

　　姬蕨科碗蕨属，草本，高 25~55 厘米，根状茎长而横走，栗黑色，密被棕色节状长毛。叶疏生，叶柄细长，叶片长圆状披针形，先端渐尖，二至三回羽状深裂，羽片互生，具柄，卵状披针形、卵形或披针形，裂片形状不规则，近倒卵形，粗锯齿缘，脉羽状。孢子囊群近圆形，囊群盖浅杯形，淡绿色，口边多少虫蚀状，光滑无毛。分布于东北、华北、西北、华东、华中及西南等地；生于山地阴处石缝、水沟旁或阔叶林下。

06 ▶ 蕨
Pteridium aquilinum (L.) Kuhn var. *latiusculum* (Desv.) Underw. ex Heller

　　又名蕨菜。蕨科蕨属，大型多年生草本，高达1米，土生，根状茎长而横走，表面被棕色茸毛。叶幼时拳卷，成熟后展开，叶片三角形至广披针形，为二至四回羽状复叶，革质，末回小羽片或裂片长圆形，圆钝头，全缘，叶脉羽状。孢子囊棕黄色，在小羽片或裂片背面边缘集生成线形孢子囊群。全国各地均有分布；生于山坡、草地及林下。嫩叶可食，称蕨菜；根状茎贮藏优质淀粉，可制成蕨粉食用；植株入药，能祛风湿、利尿解热，又可作驱虫剂。

07 ▶ 银粉背蕨
Aleuritopteris argentea (Gmel.) Fee

中国蕨科粉背蕨属，多年生草本，高15~30厘米，根状茎直立或斜升，棕色、有光泽的鳞片。叶簇生，具叶柄，红棕色、有光泽，上部光滑，基部疏被棕色披针形鳞片，叶片五角形，长宽几相等，羽片3~5对，二至三回羽状分裂，裂片长圆披针形。孢子囊群较多，囊群盖连续，狭，膜质，黄绿色，全缘，孢子截面观为钝三角形，周壁表面具颗粒状纹饰。广泛分布于全国各地；生石灰岩石缝中或墙缝中。全草入药，可补虚止咳、调经活血、消肿解毒。

08 ▶ 团羽铁线蕨
Adiantum capillus-junonis Rupr.

　　铁线蕨科铁线蕨属，草本，植株高 8~15 厘米，根状茎短而直立，被褐色披针形鳞片。叶簇生，叶柄纤细如铁丝，深栗色；叶片披针形，奇数一回羽状，羽片 4~8 对，下部的对生，上部的近对生，团扇形或近圆形，基部对称，圆楔形或圆形，两侧全缘。叶脉多回二歧分叉，直达叶边，两面均明显。孢子囊群每羽片 1~5 枚，囊群盖长圆形或肾形，棕色，宿存。分布于华北、西南等地；群生于湿润石灰岩脚、阴湿墙壁基部石缝中或荫蔽湿润的白垩土上。

09 ▶ 北京铁角蕨
Asplenium pekinense Hance

铁角蕨科铁角蕨属，多年生草本，植株高 8~20 厘米，根状茎短而直立，顶部密生披针形鳞片。叶簇生，叶柄淡绿色，向上到叶轴下部疏生纤维状小鳞片，叶片长圆披针形，草质，无毛，二回或三回羽裂，羽轴和叶轴两侧都有狭翅，基部羽片略短，三角状矩圆形，末回裂片顶端有 2~3 个尖齿。孢子囊群每裂片 1 枚，成熟时往往布满叶下面，囊盖群近矩圆形，全缘。分布于华北、西北、西南等地；生于岩石上或石缝中。

10 ▶ 华北蹄盖蕨
Athyrium niponicum (Mett.) Hance.

　　蹄盖蕨科蹄盖蕨属，多年生草本，根茎横卧，密被褐色鳞片。叶簇生，黑褐色，向上禾秆色，疏被较小的鳞片；叶片卵状长圆形，先端急狭缩，基部阔圆形，中部以上二回羽状至三回羽状；小羽片8~15对，互生，斜展或平展，常为阔披针形或长圆状披针形；裂片8~10对，披针形或长圆形，尖头，边缘有向内紧靠的尖锯齿。孢子囊群长圆形、弯钩形或马蹄形，每末回裂片4~12对；囊群盖同形，褐色，膜质，边缘略呈啮蚀状，宿存或部分脱落。孢子周壁表面有明显的条状褶皱。分布于西北、华北、华东、西南等地；生于杂木林下、溪边、阴湿山坡、灌丛或草坡上。

11 ▶ 大囊岩蕨
Woodsia macrochlaena Mett. ex Kuhn

岩蕨科岩蕨属，草本，植株高 5~20 厘米，根状茎短，密被棕色披针形鳞片，鳞片边缘具睫毛。叶簇生，疏被棕色的节状毛，叶片椭圆披针形，短渐尖头，基部略变狭，二回浅羽裂，羽片 7~10 对，对生，平展或略斜展，疏离，仅基部 1 对羽片分离，无柄，下部 2 对羽片有时略缩短，中部羽片较长，长椭圆形，边缘波状浅裂，裂片边缘全缘。孢子囊群圆形，位于分叉小脉的顶端，囊群盖杯形，边缘撕裂状。分布于东北、华北等地；生于林下石缝中。

12 ▶ 葎草
Humulus scandens (Lour.) Merr.

桑科葎草属，多年生缠绕草本，茎、枝、叶柄均具倒钩刺。叶纸质，肾状五角形，掌状 5~7 深裂，表面疏生糙伏毛，背面有柔毛和黄色腺体，裂片卵状三角形，缘具齿，叶具柄。花单性，雌雄异株，雄花小，黄绿色，雄花成圆锥状柔荑花序，雌花序球果状。聚花果绿色，近松球状。花期 7~8 月，果期 9~10 月。除新疆外，全国其他地区均有分布；生于沟边、荒地、废墟、林缘边。茎皮纤维可作造纸原料；全株入药，可清热解毒。

13▶ 蝎子草
Girardinia suborbiculata C. J. Chen

荨麻科蝎子草属，一年生草本，高达 1 米，茎直立，具条棱，伏生糙硬毛及螫毛。叶互生，椭圆形，缘具大齿，托叶三角状锥形，早落；具叶柄。花单性，雌雄同株，花序腋生，单一或分枝，具总梗，比叶短，雄花序生于茎下部，雄蕊 4，雌花为穗状二歧聚伞花序，生于茎上部。瘦果广卵形。花期 7~8 月，果期 8~9 月。分布于我国东北、华北等地；生于山坡阔叶疏林内岩石间、石砬子下、林缘地及山沟边阴处。茎的韧皮纤维可供纺织和制绳索。

14▶ 山冷水花
Pilea japonica (Maxim.) Hand. -Mazz.

荨麻科冷水花属，多年生草本，高 30~60 厘米。叶对生，在茎顶部的叶密集成近轮生，菱状卵形或卵形，边缘具短睫毛，下部全缘，叶柄纤细，光滑无毛，托叶膜质，半宿存。花单性，雌雄同株，常混生，或异株，聚伞花序常紧缩成头状，苞片卵形，花被片 5，覆瓦状排列，雄蕊 5。瘦果卵形。花期 7~9 月，果期 8~11 月。分布于东北、华北、华东、西南等地；生于山坡林下、山谷溪旁草丛中或石缝、树干长苔藓的阴湿处，常成片生长。全草入药，有清热解毒、渗湿利尿之效。

15 ▶ 墙草
Parietaria micrantha Ledeb.

　　荨麻科墙草属，一年生草本，长 10~40 厘米，茎肉质，纤细，多分枝，被短柔毛，后期红色。叶互生，膜质，卵形或卵状心形，全缘，两面有毛，无托叶。花杂性，聚伞花序腋生，具短梗或近簇生状，苞片条形，绿色，雄蕊 4，花丝纤细，花药近球形，淡黄色。果实坚果状，卵形，黑色，有光泽。花期 6~7 月，果期 8~10 月。分布于东北、华北、西北、西南、华东、华中等地；生于山坡阴湿草地屋宅、墙上或岩石下阴湿处。全株入药，可拔浓消肿。

16 ▶ 反折百蕊草
Thesium refractum C. A. Mey

又名急折百蕊草。檀香科百蕊草属，多年生草本，高20~40厘米，根茎直，茎有明显纵沟。叶互生，线形，无柄，两面粗糙，通常单脉。总状花序腋生或顶生，花白色，总花梗呈"之"字形曲折，花梗细长，花被筒状或阔漏斗状。坚果椭圆状或卵形，花被宿存，果熟时反折。花期6~7月，果期8~9月。分布于西南、西北、华北、东北等地；生于草甸和多砂砾的坡地。

17 ▶ 荞麦
Fagopyrum esculentum Moench

　　蓼科荞麦属，一年生草本，茎直立，高30~90厘米，具纵棱。叶三角形或卵状三角形，顶端渐尖，基部心形，两面沿叶脉具乳头状突起，下部叶具长叶柄，上部较小近无梗，托叶鞘膜质。花序总状或伞房状，顶生或腋生，苞片卵形，绿色，花梗比苞片长，花被5深裂，白色或淡红色，雄蕊8，比花被短，花药淡红色。瘦果卵形。花期5~9月，果期6~10月。全国各地均有栽培，有时亦为野生。生于荒地、路边。种子含丰富淀粉，供食用；为蜜源植物；全草入药，治高血压、视网膜出血、肺出血等症。

18▶ 酸模叶蓼
Polygonum lapathifolium L.

　　蓼科蓼属，一年生草本，高 40~90 厘米，茎直立，具分枝，无毛，节部膨大。叶披针形或宽披针形，常有一个大的黑褐色新月形斑点，全缘，缘具粗缘毛，叶柄短，托叶鞘筒状，膜质，淡褐色，无毛。总状花序呈穗状，顶生或腋生，近直立，花紧密，苞片漏斗状，花被淡红色或白色，花被片椭圆形，雄蕊通常 6。瘦果宽卵形，黑褐色，有光泽。花期 6~8 月，果期 7~9 月。分布于东北、华北、华中等地；生于低湿地或水边。全株入药，可清热解毒。

19▶ 长鬃蓼
Polygonum longisetum De Br.

蓼科蓼属，一年生草本，高 30~50 厘米，茎直立，分枝，下部平卧，节部略膨大。叶片披针形或宽披针形，托叶鞘筒形，疏生伏毛，有睫毛。花序穗状，花苞片漏斗状，有长睫毛，通常红色，苞片内有花 3~6 朵，花粉红色或白色。花果期 8~11 月。主要分布在东北、西北、西南等地；生长在山谷水边、河边草地。可成片栽植用于裸地、荒坡的绿化覆盖，水边阴湿处也能生长旺盛，与碧草绿树配植，色彩明快宜人。

20▶ 尼泊尔蓼
Polygonum nepalense Meisn.

蓼科蓼属，一年生草本，高 20~40 厘米。茎下部叶卵形或三角状卵形，顶端急尖，基部宽楔形，沿叶柄下延成翅，两面疏生黄色透明腺点，茎上部叶较小，叶柄抱茎，托叶鞘筒状，基部具刺毛。头状花序顶生或腋生，基部常具 1 叶状总苞片，苞片卵状椭圆形，通常无毛。每苞内具 1 花，花被通常 4 裂，淡紫红色或白色，花被片长圆形，雄蕊 5~6，与花被近等长。瘦果宽卵形，黑色。花期 5~8 月，果期 7~10 月。除新疆外，全国均有分布；生于山坡草地、山谷路旁。

21 ▶ 齿翅蓼
Fallopia dentatoalata (Fr. Schm.) Holub

蓼科何首乌属，一年生草本，茎缠绕，长达2米，多分枝。叶具柄，心形。花序为具小叶的总状花序，顶生和腋生，苞片筒状，花4~5朵，花被5裂，内2裂片较小，上缘白色或微带红色，外3裂片特大，背部有翅，雄蕊8，不等长，比花被短，花药白色，花丝细。坚果三棱形，黑色，具点状雕纹。花期7~8月，果期9~10月。分布于我国吉林、黑龙江、内蒙古（东部）、河北等地；生于河岸、山坡荒地及园地上。

22 ▶ 巴天酸模
Rumex patientia L.

蓼科酸模属，多年生草本，茎直立，粗壮，高 90~150 厘米。基生叶长圆形或长圆状披针形，顶端急尖，基部圆形或近心形，边缘波状。花序圆锥状，大型，花两性，瘦果卵形，具 3 锐棱，顶端渐尖，褐色，有光泽。花期 5~6 月，果期 6~7 月。分布于东北、华北、西北、华中等地；生于沟边湿地、水边，海拔 20~4000 米。根入药，可清热解毒、活血化瘀。

23 ▶ 马齿苋
Portulaca oleracea L.

马齿苋科马齿苋属，一年生草本，全株无毛，茎平卧，多分枝，紫红色。叶互生，倒卵形，似马齿状，全缘，叶柄粗短。花无梗，常3~5朵簇生枝端，苞片2~6，叶状，近轮生，萼片2，对生，绿色，花瓣5，稀4，黄色，倒卵形，雄蕊通常8，花药黄色，花柱比雄蕊稍长。蒴果卵球形。花期5~8月，果期6~9月。全国各地均有分布；生于菜园、农田、路旁，为田间常见杂草。全草入药，清热利湿、解毒消肿；种子明目；嫩茎叶可食；还可作兽药和农药。

24 ▶ 中国繁缕
Stellaria chinensis Regel

　　石竹科繁缕属，多年生草本，高 30~100 厘米，茎细弱，具四棱，无毛。叶片卵形至卵状披针形，全缘，两面无毛，叶柄被长柔毛。聚伞花序疏散，苞片膜质，萼片 5，花瓣 5，白色，2 深裂，与萼片近等长，雄蕊 10，稍短于花瓣。蒴果卵形。花期 5~6 月，果期 7~8 月。分布于西北、华北、华东、华南、西南等地；生于灌丛或冷杉林下、石缝或湿地。全草入药，有祛风、利关节之效；也可作饲料。

25▶ 女娄菜
Silene aprica Turcz. ex Fisch. et Mey

石竹科蝇子草属，一年生或二年生草本，高30~70厘米，全株密被灰色短柔毛。基生叶叶片倒披针形或狭匙形，茎生叶叶片倒披针形、披针形或线状披针形，比基生叶稍小。圆锥花序较大型，苞片披针形，花萼卵状钟形，花瓣白色或淡红色，瓣片倒卵形，2裂。蒴果卵形。花期5~7月，果期6~8月。分布于我国大部分地区；生于平原、丘陵或山地。全草入药，治乳汁少、体虚浮肿等。

26▶ 坚硬女娄菜
Silene firma Sieb. et Zucc.

石竹科蝇子草属，一年生草本，高50~100厘米，全株无毛，茎单生，直立，有时下部暗紫色。叶片椭圆状披针形，具缘毛。假轮伞状间断式总状花序，花梗常无毛，苞片狭披针形，花萼卵状钟形，花瓣白色，不露出花萼，副花冠片小，具不明显齿，雄蕊内藏，花丝无毛，花柱不外露。蒴果长卵形，比宿存萼短。花期6~7月，果期7~8月。分布于我国北部和长江流域；生于山坡、河谷或灌丛间。

27 ▶ 蔓茎蝇子草
Silene repens Patrin

石竹科蝇子草属，多年生草本，高 15~50 厘米，全株被短柔毛，茎不分枝。叶片线状披针形或长圆状披针形，两面被柔毛，中脉明显。总状圆锥花序，小聚伞花序常具 1~3 花，具花梗，苞片披针形，草质，花萼筒状棒形，常带紫色，被柔毛，雌雄蕊柄被短柔毛，花瓣白色，稀黄白色，爪倒披针形。蒴果卵形，黑褐色。花期 6~8 月，果期 7~9 月。分布于东北、华北和西北及西南等地；生于林下、湿润草地、溪岸或石质草坡。根入药，生津止渴、清热利咽。

28 ▶ 石生蝇子草
Silene tatarinowii Regel

　　石竹科蝇子草属，多年生草本，高 30~80 厘米，茎疏散，匍匐或斜向上，多分枝，疏生短绒毛。叶片披针形，稀卵形，两面被稀疏短柔毛，边缘具短缘毛。二歧聚伞花序疏松，苞片披针形，草质，花萼筒状棒形，花瓣白色，瓣片倒卵形，副花冠片椭圆状，全缘，雄蕊明显外露。蒴果卵形或狭卵形，比宿存萼短，种子肾形，脊圆钝。花期 7~8 月，果期 8~10 月。分布于东北、华北、西北、西南等地；生于山坡、山坡草地。根入药，清热凉血、补虚安神。

29▶ 石竹
Dianthus chinensis L.

　　石竹科石竹属，多年生草本，高 30~40 厘米，茎直立簇生，有节，多分枝。叶对生，条形或线状披针形。花萼筒圆形，花单朵或数朵簇生于茎顶，形成聚伞花序，花色有紫红、大红、粉红、纯白、杂色，单瓣 5 枚或重瓣，先端锯齿状，微具香气。蒴果矩圆形或长圆形，种子扁圆形，黑褐色。花期 5~6 月，果期 7~9 月。分布于东北、华北、华东等地；生于草原和山坡草地。全草入药，能清热、利尿、活血、通经。

30▶ 灰菜
Chenopodium album L.

　　又名藜。藜科藜属，一年生草本，高 30~150 厘米，茎直立，具条棱，多分枝。叶片菱状卵形至宽披针形，嫩叶上面有紫红色粉，下面有灰白色粉，缘具齿，叶柄与叶片近等长。花两性，圆锥花序顶生，花被裂片 5，宽卵形，雄蕊 5，柱头 2。果皮与种子贴生，种子横生，黑色，有光泽。花果期 5~10 月。全国各地均有分布；生长于田间、地头、坡上、沟涧，以及城市中的荒僻幽落。幼苗可作蔬菜用；茎叶可喂家畜；全草入药，能止泻痢、止痒。

31 ▶ 杂配藜
Chenopodium hybridum L.

藜科藜属，一年生草本，高 40~120 厘米，茎具淡黄色或紫色条棱，无粉或枝上稍有粉。叶片宽卵形至卵状三角形，两面均呈亮绿色，无粉或稍有粉，边缘掌状浅裂，裂片 2~3 对，不等大，上部叶较小，叶片多呈三角状戟形，缘具裂片状锯齿，具叶柄。花两性兼有雌性，在分枝上排列成开散的圆锥状花序，花被裂片 5，雄蕊 5。胞果双凸镜状。花果期 7~9 月。分布于东北、华北、西北等地；生于林缘、山坡灌丛间、沟沿等处。全草入药，可调经止血。

32 ▶ 地肤
Kochia scoparia (L.) Schrad

　　藜科地肤属，一年生草本，高 50~100 厘米，株直立，多分枝而紧凑，整个植株外形卵球形。叶互生，线形，细密，绿色，秋后变暗红色。花小不显，花常 1~3 个簇生于叶腋，构成穗状圆锥花序，花被近球形，淡绿色，裂片三角形。胞果扁球形，果皮膜质，与种子离生，种子黑色，具光泽。花期 6~9 月，果期 7~10 月。全国大部分地区有分布。嫩时是蔬菜，成熟后当扫帚用。

33 ▶ 猪毛菜
Salsola collina Pall.

藜科猪毛菜属，一年生草本，高 20~100 厘米，茎自基部分枝，枝互生，伸展，茎、枝绿色，有白色或紫红色条纹，近于无毛。叶片丝状圆柱形，肉质，生短硬毛，顶端有刺状尖。花序穗状，生枝条上部，苞片卵形，花被片卵状披针形。胞果倒卵形。花期 7~9 月，果期 9~10 月。分布于东北、华北、西北、西南等地；生于村边、路旁、荒地戈壁滩和含盐碱的砂质土壤上。全草入药，具有降血压的功效。

34 ▶ 绿穗苋
Amaranthus hybridus L.

　　苋科苋属，一年生草本，高30~50厘米，茎直立，分枝，整株被柔毛。叶片卵形或菱状卵形，边缘波状或有不明显锯齿，微粗糙，叶柄有柔毛。圆锥花序顶生，细长，上升稍弯曲，有分枝，由穗状花序组成，中间花穗最长，苞片及小苞片钻状披针形，绿色，雄蕊和花被片等长或稍长，柱头3。胞果卵形，种子近球形，黑色。花期7~8月，果期9~10月。分布于华北、华中、华东、西南等地；生于田边、路旁、水沟边荒草地或低海拔山坡。

35 ▶ 草乌
Aconitum kusnezoffii Reichb.

毛茛科乌头属，多年生草本，高 80~150 厘米，块根圆锥形，茎无毛，等距离生叶，常分枝。茎下部叶有长柄，在开花时枯萎，中部叶互生，纸质或近革质，五角形，掌状三全裂，中裂片近羽状分裂，侧裂片不等二深裂。顶生总状花序，多花，萼片紫蓝色，花瓣 2，无毛。蓇葖果直立。花期 7~8 月，果期 9~10 月。分布于东北、华北等地；生于海拔 400~2000米处的山坡草地、疏林及林缘。块根有毒，含多种生物碱，入药，祛风湿，散寒止痛。

36 ▶ 翠雀
Delphinium grandiflorum L.

　　毛茛科翠雀属，多年生草本，高 35~65 厘米，茎具服贴短柔毛。单叶互生，圆五角形，掌状 3 全裂末回裂片线形至披针形。总状花序具花 3~15 朵，花蓝紫色，萼片 5，花瓣 2，退化雄蕊 2，有黄髯毛。蓇葖果直立。花期 5~8 月，果期 8~10 月。分布于西南、华北、东北等地；生于海拔 500~2800 米山地草坡或丘陵砂地。广泛用于庭院绿化、盆栽观赏和切花生产；根可入药，泻火止痛。

37 ▶ 华北耧斗菜
Aquilegia yabeana Kitag.

　　毛茛科耧斗菜属，多年生草本，高 40~60 厘米，根圆柱形，整株被稀疏短柔毛，茎上部分枝。基生叶有长柄，二回三出复叶，小叶 3 裂，裂片具 2~3 圆齿，茎生叶互生，少数。聚伞花序，花 3~7 朵，暗紫色，萼片 5，花瓣 5，基部延长成稍弯的距，雄蕊多数，伸出花外。蓇葖果。花期 5~6 月，果期 7~8 月。分布于东北、华北、西北等地；生于山谷林中或沟边多石处。

38▶ 腺毛唐松草
Thalictrum foetidum L.

　　毛茛科唐松草属，多年生草本，高 15~100 厘米。基生叶和茎下部叶在开花时枯萎或不发育，茎中部叶有短柄，为三回近羽状复叶，小叶草质，顶生小叶菱状宽卵形或卵形，3 浅裂，裂片全缘或有疏齿，叶柄短，托叶褐色。圆锥花序有少数或多数花，常有白色短柔毛和极短的腺毛，萼片 5，淡黄绿色。瘦果半倒卵形，扁平，有短柔毛。花果期 6~7 月。分布于西北、华北、西南等地；生于山地草坡或高山多石砾处。根可治结膜炎、传染性肝炎、痈肿疮疖等症。

39 ▶ 东亚唐松草
Thalictrum minus var. *hypoleucum* (Sieb. et Zucc.) Miq.

毛茛科唐松草属，多年生草本，植株全体无毛。茎高60~130厘米，自下部或中部分枝。基生叶有长柄，为二至三回三出复叶，小叶3浅裂，中裂片具3个圆齿，叶背有白粉。圆锥花序开展，花朵数，绿白色，萼片4，花瓣状，雄蕊花丝丝状。瘦果卵形，有8条纵肋和宿存柱头。花期6~7月，果期8~10月。分布于东北、华北、西北、西南等地；生于多石山坡草地和林缘。根入药，可治皮炎、湿疹等症。

40 ▶ 白头翁
Pulsatilla chinensis (Bunge) Regel

　　毛茛科白头翁属，多年生草本，长有根状茎，植株高15~35厘米。基生叶，有长柄，三出复叶，中央小叶3深裂，侧生小叶2~3深裂。花单生，萼片6，蓝紫色，花瓣状，雄蕊、心皮多数。聚合果，瘦果顶端具羽毛状宿存花柱。花期4~5月，果期6~7月。分布于东北、华北、华东、西北等地；生于山坡、草地林缘。根状茎药用，清热解毒、凉血止痢。

41 ▶ 大叶铁线莲
Clematis heracleifolia DC.

毛茛科铁线莲属，多年生直立草本，高约 30~100 厘米，茎具纵条纹，密生白色糙绒毛。三出复叶，小叶片亚革质或厚纸质，卵圆形，边缘有不整齐的粗锯齿，上面暗绿色，近于无毛，下面有曲柔毛，叶柄粗壮，被毛。聚伞花序顶生或腋生，花杂性，花萼基部成管状，上部反卷，蓝紫色。瘦果卵圆形，有白色长柔毛。花期 7~8 月，果期 8~9 月。生于东北、华北、华东、华中等地；生于山坡、林下、草丛或山沟边。全草及根入药，有祛风除湿、解毒消肿之功效。

42 ▶ 棉团铁线莲
Clematis hexapetala Pall.

毛茛科铁线莲属，多年生草本，高 30~100 厘米，老枝圆柱形，有纵沟。叶片近革质绿色，一至二回羽状深裂，裂片线状披针形至椭圆形，全缘，疏被长柔毛，网脉突出。聚伞花序腋生或顶生，有时花单生，萼片 6，白色，花蕾时像棉花球，内面无毛，雄蕊无毛。瘦果倒卵形，有灰白色长柔毛。花期 6~8 月，果期 7~10 月。分布于东北、华北、西北等地；生于固定沙丘、干山坡或山坡草地。根可当做威灵仙入药，有解热、镇痛、利尿、通经作用。

43 ▶ 管花铁线莲
Clematis tubulosa Turcz.

毛茛科铁线莲属，多年生木质或草质藤本，或为直立灌木。叶对生，或与花簇生，三出复叶至二回羽状复叶，少数为单叶，小叶片全缘或有锯齿。花两性，稀单性，聚伞花序，萼片4，直立成钟状或开展，花蕾时常镊合状排列，花瓣不存在。瘦果。花期7~8月，果期8~9月。全国各地均有分布，尤以西南地区种类较多。可作土农药，可作观赏植物。

44 ▶ 茴茴蒜
Ranunculus chinensis Bunge

毛茛科毛茛属，一年生草本，高20~70厘米，茎直立粗壮，中空，密生开展的淡黄色糙毛。基生叶与下部叶具长柄，为三出复叶，叶片宽卵形至三角形，叶缘有不等的粗齿或缺刻或2~3裂。聚伞花序具少数花，萼片5，狭卵形，花瓣5，黄色或上面白色。瘦果扁平。花果期5~9月。分布于东北、华北、西北、华东、西南等地；生于平原与丘陵、溪边、田旁的水湿草地。全草有毒，可入药，有消炎、退肿、截疟及杀虫之效。

45 ▶ 小药巴旦子
Corydalis caudata (Lam.) Pers.

又名小药八旦子。罂粟科紫堇属，多年生草本，高15~20厘米，块茎圆球形或长圆形，茎基以上具1~2鳞片，鳞片上部具叶。叶二至三回三出，具细长叶柄，叶柄基部常具叶鞘，小叶圆形至椭圆形，有时浅裂，下部苍白色。总状花序具3~8花，疏离，苞片卵圆形或倒卵形，花梗明显长于苞片，萼片小，早落，花蓝色或紫蓝色。蒴果卵圆形至椭圆形，具4~9种子。花果期4~5月。分布于华北、华东、西北等地；生于山坡或林缘。

46 ▶ 诸葛菜
Orychophragmus violaceus (L.) O. E. Schulz

又名二月蓝。十字花科诸葛菜属，一年或二年生草本，高 10~50 厘米，无毛，茎单一，直立。基生叶及下部茎生叶大头羽状全裂，顶裂片近圆形或短卵形，有钝齿，侧裂片 2~6 对，卵形或三角状卵形，越向下越小，全缘，叶柄疏生细柔毛，上部叶长圆形或窄卵形，抱茎，缘具齿。花紫色、浅红色或褪成白色，花萼筒状，紫色。长角果线形，具 4 棱。花期 4~5 月，果期 5~6 月。分布于东北、华北、华东、华中等地；生于平原、山地、路旁、地边。早春开花植物，美化环境。

47 ▶ 荠菜
Capsella bursa-pastoris (L.) Medic.

　　十字花科荠属，一年或二年生草本，高 10~50 厘米。基生叶丛生呈莲座状，大头羽状分裂，顶裂片卵形至长圆形，侧裂片 3~8 对，长圆形至卵形，有不规则粗锯齿或近全缘，茎生叶窄披针形或披针形，抱茎，边缘有缺刻或锯齿。总状花序顶生及腋生，萼片长圆形，花瓣白色，卵形，有短爪。短角果倒三角形。花果期 4~6 月。我国各地均有分布；生于山坡、田边及路旁，野生，偶有栽培。可食用，为野菜中味最鲜美者；入药，可和脾、利水、止血、明目。

48▶ 垂果南芥
Arabis pendula L.

　　十字花科南芥属，二年生草本，高 50~100 厘米，茎直立，被毛，上部分枝。叶互生，长椭圆形、倒卵形或披针形，先端尖，基部耳状，稍抱茎，边缘有细锯齿，无柄。总状花序顶生，萼片 4，有星状毛，花瓣 4，十字形，较小，白色。长角果扁平，下垂。种子多数，边缘有狭翅。花期 6~7 月，果期 8~9 月。分布于西北、华北、东北等地；生于山坡、山沟、草地、林缘、灌木丛、河岸及路旁的杂草地。果可入药，清热、解毒、消肿。

49▶ 花旗杆
Dontostemon dentatus (Bunge) Ledeb.

十字花科花旗杆属，二年生草本，高 15~50 厘米，植株散生白色弯曲柔毛，茎单一或分枝，基部常带紫色。叶椭圆状披针形，两面稍具毛。总状花序生枝顶，萼片椭圆形，具白色膜质边缘背面稍被毛，花瓣淡紫色，倒卵形，基部具爪。长角果长圆柱形，光滑无毛。花期 5~7 月，果期 7~8 月。分布于东北、华北、华东等地；多生于石砾质山地、岩石隙间、山坡、林边及路旁。

50▶ 糖芥
Erysimum bungei (Kitag.) Kitag.

十字花科糖芥属，多年生草本，高 30~60 厘米，全株密生叉状毛，茎直立，具棱角。叶披针形或长圆状线形，全缘，两面有叉毛，具叶柄。总状花序顶生，有多数花，萼片长圆形，花瓣橘黄色，倒披针形，有细脉纹，雄蕊 6，近等长。长角果线形，种子深红褐色。花期 6~8 月，果期 7~9 月。分布于东北、华北、西北、西南等地；生于田边、荒地。全株入药，可强心利尿、健脾和胃。

51 ▶ 蚓果芥
Torularia humilis (C.A.Mey.) O. E. Schulz

十字花科念珠芥属，多年生草本，高5~30厘米，茎自基部分枝。基生叶窄卵形，早枯，下部的茎生叶变化较大，叶片宽匙形至窄长卵形，近无柄，全缘，中上部的条形，最上部数叶常入花序而成苞片。花序呈紧密伞房状，萼片长圆形，花瓣倒卵形或宽楔形，白色。长角果筒状，直或作"之"字形弯曲。花果期4~6月。分布于东北、华北、西北等地；生于林下、河滩、草地。全草入药可治不消化症。

52 ▶ 瓦松
Orosta chys fimbriata (Turcz.) Berg.

景天科瓦松属，多年生肉质草本，高 10~40 厘米，全体粉绿色。基部叶莲座状，线形至倒披针形，缘具流苏状软骨片和 1 针状尖刺。茎上叶线形至倒卵形，长尖。花梗分枝，侧生于茎上，花成顶生肥大穗状的圆锥花序，花萼与花瓣通常均为 5 片，花瓣淡红色，膜质，雄蕊 10。蓇葖果。花期 7~9 月，果期 8~10 月。分布于全国大部分地区；生于石质山坡和岩石上以及瓦房或草房顶上。全株入药，有止血、活血、敛疮之效；但本品有毒，慎用。

53▶ 华北八宝
Hylotelephium tatarinowii (Maxim.) H. Ohba

又名华北景天。景天科八宝属，多年生草本植物，根块状，茎直立。叶互生，倒披针形。伞房状花序，萼片5，卵状披针形，花瓣5，浅红色，卵状披针形，鳞片5，近正方形，心皮5，直立，卵状披针形，花柱稍外弯。花期7~8月，果期8~9月。产于山西、河北、内蒙古；生于海拔1000~3000米处山地石缝中。

54▶ 景天三七
Sedum aizoon L.

景天科景天属，多年生肉质草本，无毛，高可达 80 厘米，根状茎近木质化，地上茎直立，不分枝。叶互生，广卵形至倒披针形，缘具齿，或近全缘。伞房状聚伞花序顶生，无柄，萼片 5，线形至披针形，花瓣 5，黄色，长圆状披针形，雄蕊 10，较花瓣短。蓇葖果 5 枚成星芒状排列。种子平滑，缘具窄翼，顶端较宽。花期 6~8 月，果期 8~9 月。分布于东北、华北、西北、华东、西南等地；生于山地阴湿处或多石质山坡、灌丛间。全草入药，止血、化瘀、消肿。

55 ▶ 繁缕景天
Sedum stellariifolium Franch.

又名火焰草。景天科景天属，一年生草本，植株被腺毛，茎直立，高 10~15 厘米，褐色。叶互生，正三角形，全缘，具叶柄。总状聚伞花序，花顶生，萼片 5，披针形至长圆形，花瓣 5，黄色，披针状长圆形。蓇葖果，种子长圆状卵形，褐色。花期 6~8 月，果期 8~9 月。分布于西南、西北、华北、东北等地；生于上坡或山谷土上或石缝中。

56▶ 落新妇
Astilbe chinensis(Maxim.) Franch.et Sav.

　　虎耳草科落新妇属，多年生草本，高达 1 米，茎无毛。基生叶为二或三回三出羽状复叶，小叶呈披针形或阔椭圆形，缘具重锯齿，沿叶脉生有硬毛，茎生叶 2~3，较小。圆锥花序，苞片卵形，花密集，几无梗，花萼 5 深裂，花瓣 5，紫色，雄蕊 10。蓇葖果，黄色，果长约 3 毫米。花果期 6~9 月。分布于东北、华北、西北、西南等地；生于山谷、溪边、林下、林缘和草甸等处。全草可入药，祛风、清热、止咳。

57 ▶ 钩叶委陵菜
Potentilla ancistrifolia Bunge

蔷薇科委陵菜属，多年生草本，高 10~30 厘米，根木质，茎直立，被稀疏柔毛。羽状复叶，具叶柄，有小叶 2~4 对，小叶片椭圆形、长椭圆形，缘具尖锯齿。伞房状聚伞花序顶生，密被长柔毛和腺毛，萼片三角卵形，花瓣黄色，倒卵长圆形。瘦果，脐部有长柔毛。花果期 5~9 月。分布于华北、华东、西北、东北等地；生于山坡草地、岩石缝中、多砂砾地及灌木林下。

58 ▶ 委陵菜
Potentilla chinensis Ser.

　　蔷薇科委陵菜属，多年生草本，高 20~70 厘米，茎直立，被白色柔毛。奇数羽状复叶，有小叶 5~15 对，叶柄被短柔毛，小叶对生或互生，上部小叶较长，无柄，长圆形或长圆披针形，边缘羽状中裂，裂片三角卵形，边缘向下反卷，上面绿色，被短柔毛，中脉下陷。伞房状聚伞花序，具花梗，萼片三角卵形，花瓣黄色。瘦果卵球形，有明显皱纹。花果期 4~10 月。分布于东北、华北、西北、华东、西南等地；生山坡草地、沟谷、林缘、灌丛或疏林下。

59▶ 翻白草
Potentilla discolor Bunge

蔷薇科委陵菜属，多年生草本，高 10~45 厘米，密被白色绵毛。基生叶有小叶 2~4 对，叶柄密被白色绵毛，小叶对生或互生，无柄，小叶片长圆形或长圆披针形，缘具圆钝锯齿，茎生叶 1~2，有掌状 3~5 小叶。聚伞花序有花数朵，疏散，外被绵毛，萼片三角状卵形，花瓣黄色，倒卵形，比萼片长。瘦果近肾形。花果期 5~9 月。分布于东北、华北、华东、西北、西南等地；生于荒地、山谷、沟边、山坡草地、草甸及疏林下。全草入药，能解热、消肿、止痢、止血；块根含丰富淀粉，嫩苗可食。

60▶ 匍枝委陵菜
Potentilla flagellaris Willd. ex Schlecht.

　　蔷薇科委陵菜属，多年生匍匐草本，根细而簇生，匍匐枝长 8~60 厘米，被伏生短柔毛。基生叶掌状 5 出复叶，叶柄被伏生柔毛，小叶无柄，小叶片披针形，缘具齿，匍匐枝上叶与基生叶相似，叶草质，绿色，卵披针形，常深裂。单花与叶对生，花梗被短柔毛，萼片卵状长圆形，花瓣黄色，比萼片稍长。瘦果长圆状卵形。花果期 5~9 月。分布于东北、华北等地；生于阴湿草地、水泉旁边以及疏林下。嫩苗可食，也可作饲料。

61 ▶ 雪白委陵菜
Potentilla nivea L.

蔷薇科委陵菜属，多年生草本，根圆柱形，花茎直立或上升，被白色绒毛。基生叶为掌状三出复叶，叶柄被白色绒毛，小叶无柄或有时顶生小叶有短柄，小叶片卵形或椭圆形，缘具齿，两面被柔毛，脉不明显，茎生叶托叶草质，绿色，卵形，通常全缘，稀有齿。聚伞花序顶生，少花，花梗外被白色绒毛，萼片三角卵形，花瓣黄色，倒卵形。瘦果光滑。花果期6~8月。分布于东北、华北、西北等地；生于高山灌丛边、山坡草地及沼泽边缘。

62▶ 绢毛匍匐委陵菜
Potentilla reptans L. var. *sericophylla* Franch.

　　蔷薇科委陵菜属，多年生匍匐草本，匍匐枝长 20~100 厘米，节上生不定根。基生叶为鸟足状五出复叶，小叶有短柄或几无柄，小叶片倒卵形至倒卵圆形，边缘有急尖或圆钝锯齿，匍匐枝上叶与基生叶相似。单花自叶腋生或与叶对生，花梗被疏柔毛，萼片卵状披针形，花瓣黄色，宽倒卵形。瘦果黄褐色。花果期 6~8 月。分布于华北、西北等地；生于田边潮湿处。

63 ▶ 龙牙草
Agrimonia pilosa Ldb.

又名仙鹤草。蔷薇科龙牙草属，多年生草本，高 30~120
厘米，根茎粗，全株具白色长毛，茎常分枝。奇数羽状复叶，
小叶通常 5~7，无柄，小叶椭圆状倒卵形至倒披针形，边缘
锯齿粗大，下面脉上或脉间疏生柔毛，并有金黄色腺点。花
期 6~9 月，果期 8~10 月。全国各地均有分布；常生于林内、
山坡、路旁。全草含仙鹤酚，可作强壮、收敛止血药；可作
农药。

64 ▶ 地榆
Sanguisorba officinalis L.

　　蔷薇科地榆属，多年生草本，高 30~120 厘米，根粗壮，茎直立，有棱，无毛。基生叶为羽状复叶，有小叶 4~6 对，叶柄无毛，小叶片有短柄，卵形或长圆状卵形，缘具钝锯齿，两面绿色，无毛。穗状花序，直立，顶生，先从顶端开花，萼筒喉部收缩，萼片 4，暗紫红色，花瓣状。瘦果，包于宿萼内。花果期 7~10 月。全国各地均有分布；生于山坡、林缘、草甸及灌丛间。根药用，有收敛、止血、消炎作用；全草可作农药杀虫。

65▶ 豆茶决明
Cassia nomame (Sieb.) Kitagawa

豆科决明属，一年生草本，高 30~60 厘米，稍有毛。小叶 8~28 对，对生，带状披针形，在叶柄的上端有黑褐色、盘状、无柄腺体 1 枚。花生于叶腋，有柄，总状花序；萼片 5，分离，外面疏被柔毛；花瓣 5，黄色，雄蕊 4~5 枚。荚果扁平，有毛，开裂。花期 8~9 月，果期 9~10 月。分布于东北、河北、山东、浙江、江西、四川、贵州等地；生于林缘草地、路边。

66 ▶ 鸡眼草
Kummerowia striata (Thunb.) Schindl.

豆科鸡眼草属，一年生草本，高5~45厘米，茎和枝上被倒生的白色细毛。叶为三出羽状复叶，小叶纸质，倒卵形或长圆形，全缘，两面沿中脉及边缘有白色粗毛，托叶大，比叶柄长，有缘毛。花小，单生或2~3朵簇生于叶腋，花萼钟状，带紫色，5裂，花冠粉红色或紫色。荚果圆形，被小柔毛。花期7~9月，果期8~10月。分布于东北、华北、华东、中南、西南等地；生于路旁、田边、溪旁、砂质地或缓山坡草地。全草供药用，有利尿通淋、解热止痢之效。

67 ▶ 苦参
Sophora flavescens Alt.

豆科槐属，草本，高 1 米左右，茎具纹棱。羽状复叶，小叶 6~12 对，互生或近对生，纸质，椭圆形或披针形，上面无毛，下面疏被灰白色短柔毛。总状花序顶生，花多数，花梗纤细，苞片线形，花萼钟状，花冠白色或淡黄白色。荚果串珠状，有种子 1~5 粒。花期 6~8 月，果期 7~10。全国各地均有分布；生于山坡、砂地草坡灌木林中或田野附近。根入药，清热利湿、抗菌消炎、健胃驱虫；种子可作农药；茎皮纤维可织麻袋等。

68▶ 地角儿苗
Oxytropis bicolor Bunge

又名二色棘豆。豆科棘豆属，多年生草本，高5~20厘米，外倾，植株各部密被开展白色绢状长柔毛，淡灰色。轮生羽状复叶，小叶7~17，对生或4片轮生，线形或披针形，边缘常反卷，两面密被绢状长柔毛，托叶膜质，卵状披针形，与叶柄贴生很高。总状花序，花葶与叶等长或稍长，苞片披针形，花冠紫红色、蓝紫色，旗瓣菱状卵形。荚果几革质，稍坚硬，卵状长圆形。花果期4~9月。分布于华北、西北等地；生于山坡、砂地、路旁及荒地上。冬春季，牛、绵羊、山羊采食其残株。

69▶ 蓝花棘豆
Oxytropis caerulea (Pall.) DC.

豆科棘豆属，多年生草本，高 10~20 厘米，主根粗壮，茎丛生。奇数羽状复叶，具叶柄，小叶长圆状披针形，两面有柔毛。总状花序，花葶比叶长，苞片较花梗长，花萼钟状，疏被柔毛，花冠天蓝色或蓝紫色。荚果长圆状卵形膨胀，疏被短柔毛。花期 6~7 月，果期 7~8 月。分布于东北、华北等地；生于山坡、沟谷、林下。茎叶可作家畜饲料。

70 ▶ 硬毛棘豆
Oxytropis hirta Bunge

　　豆科棘豆属，多年生草本，高20~55厘米，根很长，褐色，茎极缩短。奇数羽状复叶，小叶5~19对，对生，卵状披针形，叶柄密被长硬毛。多花组成密长穗形总状花序，花葶粗壮，长于叶，花萼筒形或筒状钟形，萼齿线形，花冠蓝紫色、紫红色或黄白色。荚果长卵形。花期5~8月，果期7~10月。分布于东北、华北、西北、华中等地；生于干草原、山坡路旁、山坡草地、覆砂坡地、石质山地阳坡和疏林下。地上部入药，可治瘟疫、丹毒、腮腺炎等症。

71▶ 米口袋
Gueldenstaedtia verna (Georgi) Boriss

豆科米口袋属，多年生草本，主根圆锥状，无地上茎，全株被白色柔毛。奇数羽状复叶，丛生，小叶 7~21 片，椭圆形到长圆形。伞形花序有 2~6 朵花，总花梗具沟，被长柔毛，苞片三角状线形，花萼钟状，花冠紫堇色。荚果圆筒状，被长柔毛。花期 4~5 月，果期 5~6 月。分布于东北、华北、华东、西北等地；生于山坡、路旁、田边等。全草入药，有清热解毒、消肿的功效。

72 ▶ 山野豌豆
Vicia amoena Fisch. ex DC.

　　豆科野豌豆属，多年生草本，高 0.5~1 米，茎攀援状，四棱形，整株被疏柔毛。偶数羽状复叶，小叶 4~6 对，椭圆形或长圆状椭圆形，叶轴末端具分歧的卷须，全缘。总状花序腋生，花梗与萼近等长，花红紫色、蓝色或蓝紫色，萼短筒形至钟形，有毛。荚果，长圆状菱形，种子近球形。花期 7~9 月，果期 8~9 月。分布于东北、华北、西北等地；生于草原、山坡、路旁、灌木丛。茎叶为家畜喜食的饲料；嫩苗可食。

73 ▶ 北野豌豆
Vicia ramuliflora (Maxim.) Ohwi

豆科野豌豆属，多年生草本，高 40~100 厘米，根近木质化，茎具棱，常丛生，被微柔毛或近无毛。偶数羽状复叶，叶轴顶端卷须短缩为短尖头，托叶半箭头形或长圆形，全缘。小叶通常 2~4 对，长卵圆形或长卵圆披针形，全缘，纸质。总状花序分支成复总状近圆锥花序，花萼斜钟状，花冠蓝色、蓝紫色，稀白色。荚果长圆菱形。花期 6~8 月，果期 7~9 月。产于东北、华北等地；生于亚高山草甸、混交林下、林缘草地及山坡。全草可入药，散风祛湿、活血止痛。

74▶ 歪头菜
Vicia unijuga A. Br.

豆科野豌豆属，多年生草本，高 40~180 厘米，茎丛生，具棱，疏被柔毛。叶轴末端为细刺尖头，偶见卷须，托叶戟形或近披针形，缘具不规则齿蚀状，小叶 1 对，卵状披针形或近菱形，缘具齿，两面均疏被微柔毛。总状花序，明显长于叶，花冠蓝紫色，花萼紫色，斜钟状或钟状。荚果扁、长圆形，无毛。花期 6~7 月，果期 8~9 月。分布于东北、华北、华东、西南等地；生于低海拔至 4000 米山地、林缘、草地、沟边及灌丛。叶形奇特，花色夺目，供观赏；嫩叶可食。

75▶ 大山黧豆
Lathyrus davidii Hance

　　豆科山黧豆属，多年生草本，高 80~100 厘米，茎近直立或斜升，圆柱状。叶互生，偶数羽状复叶，小叶 6~8 片，卵形或椭圆形，两面无毛，下面带苍白色，叶脉网状。总状花序腋生，通常有花 10 余朵，萼钟形，萼齿三角形至锥形，花黄色。荚果条形，无毛。种子多数，近球形。花期 6~7 月，果期 8~9 月。分布于东北、华北及山东、河南、陕西、甘肃等地；生于林缘、草坡、疏林及灌丛中。茎叶可作家畜饲料或绿肥。

76 ▶ 达乌里黄芪
Astragalus dahuricus (Pall.) DC.

　　豆科黄耆属，一年生或二年生草本，高达 80 厘米，全株被白色柔毛，茎有细棱。奇数羽状复叶，小叶 11~23 片，具叶柄，小叶长圆形或长圆状椭圆形。总状花序较密，有花 10~20 朵，苞片线形或刚毛状，花萼斜钟状，花冠紫色，旗瓣近倒卵形。荚果线形，直立，种子淡褐色或褐色，肾形，有斑点，平滑。花期 7~9 月，果期 8~10 月。产于东北、华北、西北及山东、河南、四川北部；生于海拔 400~2500 米的山坡和河滩草地。全株可作饲料，有"驴干粮"之称。

77 ▶ 草木樨状黄芪
Astragalus melilotoides Pall.

　　豆科黄耆属，多年生草本，高30~50厘米，多分枝，具条棱，被白色短柔毛或近无毛。羽状复叶有5~7片小叶，小叶长圆状楔形或线状长圆形，具极短的柄，两面均被白色细伏贴柔毛，叶柄与叶轴近等长，托叶离生。总状花序生多数花，稀疏，花小，苞片小，披针形，花萼短钟状，花冠白色或带粉红色。荚果宽倒卵状球形或椭圆形。花期7~8月，果期8~9月。我国长江以北各地均有分布；生于向阳山坡、路旁草地或草甸草地。

78 ▶ 糙叶黄耆
Astragalus scaberrimus Bunge

豆科黄耆属，多年生草本，密被白色伏贴毛，根状茎，多分枝，木质化，地上茎不明显。羽状复叶，7~15 片小叶，具叶柄，小叶椭圆形或近圆形，两面密被伏贴毛。总状花序腋生，苞片披针形，花萼管状，萼齿线状披针形，与萼筒等长或稍短，花冠淡黄色或白色。荚果披针状长圆形，微弯。花期 4~8 月，果期 5~9 月。产于东北、华北、西北各地。生于山坡石砾质草地、草原、沙丘及沿河流两岸的砂地。牛羊喜食，可作牧草及保持水土植物；根入药，可抗癌。

79▶ 牻牛儿苗
Erodium stephanianum Willd.

又名太阳花。牻牛儿苗科牻牛儿苗属，多年生草本，高15~50厘米，直根，茎多数，具节，被柔毛。叶对生，基生叶和茎下部叶具长柄，被柔毛，叶片卵形或三角状卵形，二回羽状深裂，小裂片卵状条形，全缘，表面被伏毛。伞形花序腋生，明显长于叶，总花梗被柔毛，每梗具2~5花，花瓣紫红色。蒴果。花期6~8月，果期8~9月。分布于华北、东北、西北、西南等地；生于干山坡、农田边、砂质河滩地和草原凹地等。全株入药，可强筋骨、祛风湿、清热解毒。

80 ▶ 老鹳草
Geranium wilfordii Maxim.

　　牻牛儿苗科老鹳草属，多年生草本，高 30~50 厘米，茎直立，单生，具棱槽，被倒向短柔毛。叶基生和茎生叶对生，基生叶片圆肾形，5 深裂达 2/3 处，裂片倒卵状楔形，下部全缘，上部不规则状齿裂，茎生叶 3 裂至 3/5 处，裂片长卵形或宽楔形，基生叶和茎下部叶具长柄，被倒向短柔毛。花序腋生和顶生，稍长于叶，萼片长卵形，花瓣白色或淡红色，倒卵形，与萼片近等长。蒴果被短柔毛。花期 6~8 月，果期 8~9 月。分布于东北、华北、华东、华中、西北等地；生于低山林下、草甸。全草供药用，祛风通络。

81▶ 蒺藜
Tribulus terrester L.

蒺藜科蒺藜属，一年生草本，茎平卧，无毛，枝长20~60厘米。偶数羽状复叶，小叶对生，矩圆形或斜短圆形，被柔毛，全缘。花腋生，花梗短于叶，花黄色，萼片5，宿存，花瓣5，雄蕊10，生于花盘基部。果有分果瓣5，中部边缘有锐刺2枚，下部常有小锐刺2枚，其余部位常有小瘤体。花期5~8月，果期6~9月。分布于华北、西北、华东等地；生于田野、路旁及河边草丛。全草入药，平肝解郁、活血祛风。

82 ▶ 地构叶
Speranskia tuberculata (Bunge) Baill.

大戟科地构叶属,多年生草本,高25~50厘米,茎直立,被伏贴短柔毛。叶纸质,披针形或卵状披针形,缘具圆齿,上、下面被柔毛,具叶柄,托叶卵状披针形。总状花序,上部有雄花20~30朵,下部有雌花6~10朵,苞片卵状披针形或卵形,共萼裂片卵形,外被柔毛,花萼裂片卵状披针形,疏被柔毛。蒴果扁球形,种子卵形,灰褐色。花期4~5月,果期5~6月。产于东北、华北、西北、华东、西南等地;生于海拔800~1900米山坡草丛或灌丛中。

83 ▶ 铁苋菜
Acalypha australis L.

　　大戟科铁苋菜属，一年生草本，高20~50厘米。叶膜质，长卵形或阔披针形，缘具圆锯齿，基出脉3条，侧脉3对，叶具短柔毛，托叶披针形，具短柔毛。雌雄花同序，花序腋生，稀顶生，雌花苞片1~4枚，卵状心形，雄花生于花序上部，排列呈穗状或头状，雄花苞片卵形，花萼裂片4枚，卵形，雄蕊7~8枚，雌花萼片3枚。蒴果具3个分果爿。花果期4~10月。我国除西部高原或干燥地区外，大部分地区均有分布；生于平原或山坡较湿润耕地和空旷草地，有时生于石灰岩山疏林下。

84▶ 乳浆大戟
Euphorbia esula L.

大戟科大戟属，多年生草本，具乳汁，根圆柱状，茎直立，常丛生，上部分枝。叶互生，线形至卵形，无叶柄，不育枝叶常为松针状，无柄，总苞叶 3~5 枚，与茎生叶同形，苞叶 2 枚，常为肾形。花序单生于二歧分枝的顶端，总苞钟状，边缘 5 裂，雄花多枚，苞片宽线形，无毛，雌花 1 枚。蒴果三棱状球形。花果期 4~10 月。分布于全国大部分地区；生于山坡沟边草丛中。根入药，可逐水通便；全株水浸液可配制杀虫剂。

85 ▶ 通奶草
Euphorbia hypericifolia L.

大戟科大戟属，一年生草本，高 10~30 厘米，茎直立，近无毛。叶对生，狭长圆形或倒卵形，边缘全缘或基部以上具细锯齿，两面被稀疏柔毛，叶柄极短，托叶三角形。花序数个簇生于叶腋或枝顶，总苞陀螺状，雄花数枚，微伸出总苞外，雌花 1 枚。蒴果三棱状，无毛。花果期 8~10 月。分布于西南、华中、华南等地；生于旷野荒地、路旁、灌丛及田间。茎叶入药，清热利湿、收敛止痒。

86 ▶ 京大戟
Euphorbia pekinensis Rupr.

　　大戟科大戟属，多年生草本，根圆柱状，茎单生或自基部多分枝，高 40~90 厘米，被柔毛。叶互生，椭圆形，少为披针形或披针状椭圆形，变异较大，边缘全缘，叶两面有柔毛。总苞叶 4~7 枚，长椭圆形，苞叶 2 枚，近圆形。花序单生于二歧分枝顶端，无柄，总苞杯状，雄花多数，雌花 1 枚。蒴果球状。花期 5~8 月，果期 6~9 月。广布于全国，北方尤为普遍。生于山坡、灌丛、路旁、荒地、草丛、林缘和疏林内。根入药，治水肿、水臌、痰饮、瘰疬、痈疽肿毒。

87 ▶ 西伯利亚远志
Polygala sibirica L.

远志科远志属，多年生草本，高10~30厘米，茎丛生，直立，被短柔毛。叶互生，叶片纸质至亚革质，下部叶小卵形，上部叶披针形或椭圆状披针形，具骨质短尖头，全缘，略反卷，绿色，两面被短柔毛，具短柄。总状花序腋外生或假顶生，萼片5，宿存，花瓣3，蓝紫色，雄蕊8。蒴果近倒心形，具狭翅及短缘毛。花期4~7月，果期5~8月。分布于全国各地；生于砂质土、石砾和石灰岩山地灌丛，林缘或草地。根入药，具安神、化痰之功效。

88 ▶ 远志
Polygala tenuifolia Willd.

　　远志科远志属，多年生草本，高 15~50 厘米，茎具纵棱槽，被短柔毛。单叶互生，叶片纸质，线形至线状披针形，全缘，反卷，无毛或极疏被微柔毛，近无柄。总状花序呈扁侧状生于小枝顶端，少花，稀疏，苞片 3，披针形，萼片 5，宿存，花瓣 3，紫色，雄蕊 8。蒴果圆形。花果期 5~9 月。分布于东北、华北、西北、华中、西南等地；生于草原、山坡草地、灌丛中以及杂木林下。根皮入药，有益智安神、散郁化痰之效。

89 水金凤
Impatiens noli-tangere L.

凤仙花科凤仙花属，一年生草本，高 40~70 厘米，茎肉质，直立，无毛。叶互生，叶片卵形或卵状椭圆形，缘具齿，两面无毛，叶柄纤细。总状花序具花梗，花黄色，雄蕊 5，花丝线形，花药卵球形。蒴果线状圆柱形，种子多数，长圆球形，褐色，光滑。花果期 7~9 月。分布于东北、华北、西北、华中等地；生于山坡林下、林缘草地或沟边。

90 ▶ 冬葵
Malva crispa L.

　　锦葵科锦葵属，一年生草本，高1米，不分枝，茎被柔毛。叶圆形，常角裂，缘具细齿，两面无毛，具叶柄。花小，白色，单生或几个簇生于叶腋，小苞片3，披针形，萼浅杯状，5裂，花瓣5，较萼片略长。果扁球形，种子肾形。花果期6~9月。分布于华北、西北、西南、华东等地；在排水良好、疏松肥沃、保水保肥的土壤中栽培更易丰产，不宜连作。幼苗或嫩茎叶供食用，营养丰富；全株可入药，有利尿、催乳、通便的功效。

91 ▶ 苘麻
Abutilon theophrasti Medicus

　　锦葵科苘麻属，一年生草本，高 1~2 米，茎枝被柔毛。叶互生，圆心形，缘具齿，两面密被星状柔毛，叶柄被星状细柔毛，托叶早落。花单生于叶腋，花梗被柔毛，近顶端具节，花萼杯状，裂片 5，花黄色，花瓣倒卵形，雄蕊柱平滑无毛。蒴果半球形，被粗毛。花期 7~8 月，果期 9~10 月。除青藏高原外，其他各省均有分布；生于路旁、荒地和田野间。是重要的纤维植物，可做绳索。

92 ▶ 野西瓜苗
Hibiscus trionum L.

　　锦葵科木槿属，一年生草本，高 25~70 厘米，茎柔软，被白色星状粗毛。叶二型，下部的叶圆形，不分裂，上部的叶掌状 3~5 深裂，裂片倒卵形至长圆形，通常羽状全裂，上下两面被毛，叶柄被星状粗硬毛，托叶线形，被星状粗硬毛。花单生于叶腋，花萼钟形，淡绿色，花淡黄色，内面基部紫色。蒴果长圆状球形。花果期 7~10 月。全国各地均有分布；生于平原、山野、丘陵或田埂。根及全草入药，可清热解毒、利咽止咳。

93 ▶ 鸡腿堇菜
Viola acuminata Ledeb.

　　堇菜科堇菜属，多年生草本，高 10~40 厘米，通常无基生叶，茎直立。单叶互生，叶片心形或卵形，缘具钝锯齿及短缘毛，两面密生褐色腺点，托叶草质，羽状深裂，基部与叶柄合生。花单生，淡紫色或近白色，具长梗，萼片线状披针形，萼片 5，花瓣 5，下面一枚花瓣较大。蒴果椭圆形。花果期 5~9 月。分布于东北、华北、西北、华东等地；生于杂木林林下、林缘、灌丛、山坡草地或溪谷湿地等处。全草民间供药用，能清热解毒、排脓消肿；嫩叶作蔬菜。

94 ▶ 裂叶堇菜
Viola dissecta Ledeb.

　　堇菜科堇菜属，多年生草本，植株高度变化大，无地上茎，根茎粗短。叶基生，具长柄，叶片肾形或宽卵形，常3~5全裂，两侧裂片具短柄，裂片再羽状深裂，常2深裂，终裂片全缘，线形，有细缘毛，花淡紫色，具紫色条纹，萼片5，宿存，花瓣5，多不等大。蒴果成熟后裂成3瓣。花期4~6月，果期7~9月。分布于东北、华北、西北、西南等地；多生于山坡草地、杂木林缘、灌丛下及田边、路旁及固定沙丘向阳处等地。全株入药，清热解毒、消痈肿。

95 ▶ 早开堇菜
Viola prionantha Bunge

堇菜科堇菜属，多年生草本，高3~20厘米，无地上茎。叶多数，均基生，叶片长圆状卵形或狭卵形，幼叶两侧通常向内卷折，缘密生细圆齿，两面无毛，果期叶片显著增大，叶柄较粗壮，无毛，托叶苍白色或淡绿色，边缘疏生细齿。花大，紫堇色或淡紫色，喉部色淡并有紫色条纹，无香味。蒴果长椭圆形。花果期4~9月。分布于东北、华北、西北、华东、华中等地；生于山坡草地、沟边、宅旁等向阳处。全草入药，可清热解毒、除脓消炎。

96 ▶ 深山堇菜
Viola selkirkii Pursh ex Gold

　　堇菜科堇菜属，多年生草本，无地上茎和匍匐枝，高5~16厘米。叶基生，呈莲座状，心形或卵状心形，两侧垂片发达，边缘具钝齿，两面疏生白色短毛，叶柄有狭翅，疏生白色短毛，托叶淡绿色。花淡紫色，具长梗，小苞片线形，萼片卵状披针形，花瓣倒卵形。蒴果较小，椭圆形。花果期5~7月。分布于东北、华北、西北、华东等地；生于针阔混交林、落叶阔叶林及灌丛下腐殖层较厚的土壤上、溪谷、沟旁阴湿处。

97 ▶ 斑叶堇菜
Viola variegate Fisch. ex Link.

　　堇菜科堇菜属，多年生草本，高 3~15 厘米。叶均基生，呈莲座状，叶片圆形或圆卵形，边缘具平而圆的钝齿，沿叶脉有明显的白色斑纹，叶柄长短不一，托叶淡绿色或苍白色。花红紫色或暗紫色，花瓣倒卵形，下部通常色较淡，萼片通常带紫色，长圆状披针形或卵状披针形。蒴果椭圆形。花期4~8 月，果期 6~9 月。分布于东北、华北、西北等地；生于山坡草地、林下、灌丛中或阴处岩石缝隙中。

98 ▶ 紫花地丁
Viola yedoensis Makino

　　堇菜科堇菜属，多年生草本，高 4~20 厘米，无地上茎。叶多数，基生，莲座状，下部叶通常较小，呈三角状卵形或狭卵形，上部叶较长，呈长圆形或长圆状卵形，缘具齿。花中等大，紫堇色或淡紫色，稀呈白色，喉部色较淡并带有紫色条纹，花瓣倒卵形或长圆状倒卵形。蒴果长圆形，淡黄色。花果期 4~9 月。分布于东北、华北、西北、华东、华中、西南等地；生于田间、荒地、山坡草丛、林缘或灌丛中。幼苗或嫩茎可食用；早春开花，观赏性高。

99 ▶ 中华秋海棠
Begonia sinensis DC.

秋海棠科秋海棠属，多年生草本，高 20~70 厘米，根状茎近球形，茎外形似金字塔形，几无分枝。叶较小，椭圆状卵形至三角状卵形，下面色淡，偶带红色。花序较短，呈伞房状至圆锥状二歧聚伞花序，花小，粉红色，雄蕊多数，整体呈球状。蒴果有 3 翅。花期 7~8 月，果期 9~10 月。分布于华北、西北、华中、西南等地；生于山谷阴湿岩石上、滴水的石灰岩边、疏林阴处、荒坡阴湿处以及山坡林下。块茎入药，用于治疗痢疾、肠炎、疝气等症；栽培供观赏。

100 ▶ 假贝母
Bolbostemma paniculatum
(Maxim.) Franquet

　　葫芦科假贝母属，攀缘草本，地下块茎肥厚，白色，瓣大小成对，各对交互对生呈扁球形，茎细弱，有卷须。叶互生，具柄，心脏形，掌状深裂。花单性，雌雄异株，腋生，花萼淡黄绿色，花冠淡黄绿色，与花萼相似，但裂片较宽。蒴果圆筒状，平滑。花期6~8月，果期8~9月。分布于华北、西北、西南、华中等地；生于山坡、平原草丛及灌木丛中，适应性较强。鳞茎入药，散结、消肿、解毒。

101 ▶ 高山露珠草
Circaea alpina L.

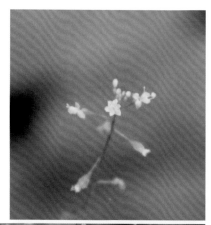

柳叶菜科露珠草属，多年生草本，植株高 3~50 厘米，茎细弱，近光滑。叶对生，三角状卵形先端尖，边缘有波状锯齿。总状花序顶生，萼片白色或粉红色，稀紫红色，花瓣白色，狭倒三角形。果实棒状至倒卵状，密生钩状毛。花期 6~7 月，果期 7~8 月。分布于华北、西北、华东、西南等地；生于潮湿处和苔藓覆盖的岩石及木头上。

102 ▶ 心叶露珠草
Circaea cordata Royle

　　柳叶菜科露珠草属，粗壮草本，高 20~150 厘米，枝密生平伸的长柔毛。叶狭卵形至宽卵形，边缘具锯齿至近全缘。单总状花序顶生，花梗被毛，萼片卵形至阔卵形，白色或淡绿色，花瓣白色，倒卵形至阔倒卵形，雄蕊伸展，略短于花柱或与花柱近等长。果实斜倒卵形至透镜形。花期 6~8 月，果期 7~9 月。分布于东北、华北、西北、华东、华中、西南等地；生于排水良好的落叶林，稀见于北方针叶林。

103 ▶ 东北土当归
Aralia continentalis Kitag.

　　五加科楤木属，多年生草本，高达 1 米。叶为二回或三回羽状复叶，具柄，有小叶 3~7 片，膜质，倒卵形，缘具齿，小叶近无柄。圆锥花序，顶生或腋生，有花多数，苞片卵形，有纤毛，小苞片披针形，有毛，萼无毛，边缘有 5 个三角形尖齿，花瓣 5，三角状卵形。果实紫黑色。花期 7~8 月，果期 8~9 月。分布于东北、西北、华北、西南等地；生长于海拔 800~3200 米的林下和山坡草丛中，目前尚未由人工引种栽培。根、茎入药，祛风解表、活血化瘀。

104▶ 变豆菜
Sanicula chinensis Bunge

　　伞形科变豆菜属，多年生草本，高达1米，茎直立，无毛，有纵沟纹。基生叶少数，近圆形，常3裂，少5裂，叶柄扁平，茎生叶逐渐变小，近无柄，常3裂，裂片边缘有大小不等的重锯齿。伞形花序2~3出，总苞片叶状，通常3深裂，有花6~10朵，花瓣白色或绿白色。果实圆卵形。花果期4~10月。分布于东北、西北、华东、中南和西南各地；生于海拔200~2300米的阴湿山坡路旁、杂木林下、竹园边、溪边草丛中。根入药，可解毒、止血。

105 ▶ 银背风毛菊
Saussurea nivea Turcz.

菊科风毛菊属，多年生草本，高30~120厘米。根状茎斜升，茎直立，被稀疏蛛丝毛，后脱落。基生叶花期脱落；下部与中部茎叶有长柄，叶片披针状三角形、心形或戟形，缘具齿；上部茎叶渐小，与中下部茎叶同形；全部叶两面异色，上面绿色，无毛，下面银灰色，被稠密的绵毛。头状花序在茎枝顶端排列成伞房花序，有线形苞叶；总苞钟状，小花紫色。瘦果圆柱状，褐色。花果期7~9月。分布于华北、西北等地；生于山坡林缘、林下及灌丛中。

106 ▶ 迷果芹
Sphallerocarpus gracilis (Bess.) K. -Poe.

　　伞形科迷果芹属，多年生草本，高 50~120 厘米，根圆锥形，茎圆形，多分枝，有细条纹。基生叶早落，茎生叶二至三回羽状分裂，二回羽片卵形或卵状披针形，末回裂片边缘羽状缺刻，叶柄被白色柔毛。复伞形花序顶生和侧生，小伞形花序有花 15~25，花柄不等长，萼齿细小，花瓣倒卵形，顶端有内折的小舌片。果实椭圆状长圆形。花果期 7~10 月。产于东北、西北、华北等地；生长在山坡路旁、村庄附近、菜园地以及荒草地上。栽培供观赏。

107 ▶ 北柴胡
Bupleurum chinense DC.

伞形科柴胡属,多年生草本,高50~85厘米,主根较粗大,棕褐色,茎单一或数茎,实心。基生叶倒披针形或狭椭圆形,早枯落,茎中部叶倒披针形或广线状披针形,有短芒尖头,基部收缩成叶鞘抱茎,茎顶部叶同形,但更小。复伞形花序形成疏松的圆锥状,总苞片狭披针形,花瓣鲜黄色,果广椭圆形,棕色。花期7~8月,果期9~10月。分布于东北、华北、西北、华东和华中各地;生长于向阳山坡路边、岸旁或草丛中。入药,解表退热、疏肝解郁、升举阳气。

108 ▶ 大齿山芹
Ostericum grosseserratum (Maxim.) Kitag.

　　伞形科山芹属，多年生草本，高达 1 米，茎具浅纵沟纹。叶广三角形，薄膜质，二至三回三出式分裂，小裂片披针形至长圆形，最上部叶简化为带小叶的线状披针形叶鞘。复伞形花序，总苞片 4~6，线状披针形，花白色，萼齿三角状卵形，锐尖，宿存。分生果广椭圆形。花期 7~9 月，果期 8~10 月。产于东北、西北、华北、华东等地；生长于山坡、草地、溪沟旁、林缘灌丛中。幼苗可作春季野菜；可入药，主治风湿痹痛、腰膝酸痛、感冒头痛、痈疮肿痛等。

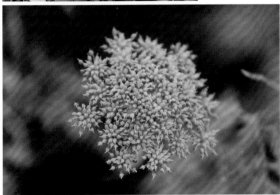

109▶ 短毛独活
Heracleum moellendorffii Hance

　　伞形科独活属，多年生草本，高 1~2 米，全株被短硬毛，茎直立，上部多分枝。茎下部叶具长柄与叶鞘，奇数羽状复叶，小叶 3~5 片，顶生小叶宽卵形或卵形，缘具不规则齿，茎上部叶简化，无叶柄，有宽叶鞘。复伞形花序顶生和腋生，具花 10~20 朵，萼齿小，三角形，花瓣 5，白色。果宽椭圆形。花期 7~8 月，果期 8~9 月。分布于我国东北、华北等地；生于山坡林下、林缘、山谷溪边。可用于花境及郊区绿化；根入药，可治风寒感冒、腰腿酸痛。

110 ▶ 防风
Saposhnikovia divaricata (Trucz.) Schischk.

伞形科防风属，多年生草本，高 30~80 厘米，根粗壮，淡黄棕色，茎单生，有细棱。基生叶丛生，具长柄，叶片卵形，茎生叶与基生叶相似，但较小，顶生叶简化。复伞形花序多数，伞辐无毛，小伞形花序有花 4~10 朵，无总苞片，小总苞片线形，花瓣倒卵形，白色，无毛。双悬果狭圆形。花期 8~9 月，果期 9~10 月。产自中国东北、华北、西北等地；生长于草原、丘陵、多砾石山坡。根供药用，用于治感冒、头痛、周身关节痛、神经痛等症。

111▶ 狼尾花
Lysimachia barystachys Bunge

报春花科珍珠菜属，多年生草本，具横走的根茎，全株密被卷曲柔毛，茎直立，高30~100厘米。叶互生或近对生，长圆状披针形至线形，全缘，近无柄。总状花序顶生，花密集，常转向一侧；苞片线状钻形，花梗稍短于苞片，花萼钟形，分裂近达基部，花冠白色。蒴果球形。花期5~8月，果期8~10月。分布于东北、华北、西北、西南、华东等地；生于草甸、山坡路旁灌丛间。全草入药，能活血调经、散瘀消肿、利尿。

112▶ 狭叶珍珠菜
Lysimachia pentapetala Bunge

　　报春花科珍珠菜属，一年生草本，高30~60厘米，全体无毛，茎直立，圆柱形，多分枝，密被褐色无柄腺体。叶互生，狭披针形至线形，下面有褐色腺点，叶柄短。总状花序顶生，苞片钻形，花萼裂片狭三角形，边缘膜质，花冠白色，雄蕊比花冠短。蒴果球形。花期7~8月，果期8~9月。分布于东北、华北、西北、华东等地；生于山坡荒地、路旁、田边和疏林下。

113 ▶ 点地梅
Androsace umbellate (Lour.) Merr.

报春花科点地梅属，一年生或二年生草本。叶全部基生，叶片近圆形或卵圆形，具叶柄，被柔毛。花葶通常数枚自叶丛中抽出，被白色短柔毛，伞形花序 4~15 花，苞片卵形至披针形，花萼杯状，密被短柔毛，分裂近达基部，裂片菱状卵圆形，花冠白色，短于花萼，喉部黄色，裂片倒卵状长圆形。蒴果近球形，果皮白色，近膜质。花期 3~5 月，果期 5~6 月。分布极广，我国各地均有分布；生于林缘、草地和疏林下。全草和果实入药，清热解毒、消肿止痛。

114 ▶ 当药
Swertia diluta (Turcz.) Benth.et Hook.f

又名獐牙菜。龙胆科獐牙菜属，一年生草本，高10~40厘米，茎单一或分枝，四棱形，带紫色。叶对生，无柄，线状披针形，全缘。圆锥状聚伞花序顶生或腋生，萼片5，线状披针形，花冠蓝紫色，5深裂，开展，裂片狭卵形，内侧基部有2腺窝，腺窝边缘的毛具瘤状突起，雄蕊5，花药暗紫色。蒴果椭圆形。花期8~9月，果期9~10月。分布于东北、华北、河南、山东等地；生于河滩、山坡草地、林下、灌丛中、沼泽地。干燥全草入药，清热、健胃、利湿。

115 ▶ 白首乌
Cynanchum bungei Decne.

　　萝藦科鹅绒藤属，多年生缠绕草本，具乳汁，茎被微柔毛。叶对生，叶片心形至卵状心形，先端短渐尖，基部深心形，两侧呈耳状内弯，全缘。聚伞花序伞房状，腋生，花萼近5全裂，裂片卵状长圆形，花冠辐状，白色，蓇葖果双生，种子卵状椭圆形至倒楔形，边缘具狭翅。花期6~7月，果期7~9月。分布于华东、中南及华北等地；生于海拔1500米以下的山坡、灌丛或岩石缝中。块根入药，补肝益肾、养血安神，为滋补珍品。

116 ▶ 徐长卿
Cynanchum paniculatum (Bunge) Kitag.

萝藦科鹅绒藤属，多年生草本，高约 1 米，根须状，茎不分枝，近无毛。叶对生，纸质，披针形至线形，两面近无毛，叶缘有边毛，侧脉不明显，叶具柄。圆锥状聚伞花序腋生，花冠黄绿色，近辐状，副花冠裂片 5，基部增厚，顶端钝。蓇葖单生，披针形。花期 6~8 月，果期 7~9 月。分布于东北、华北、西北、西南、华东等地；生于向阳山坡及草丛中。全草入药，可祛风止痛、解毒消肿。

117 ▶ 地梢瓜
Cynanchum thesioides (Freyn) K.Schum.

萝藦科鹅绒藤属，多年生草本，高约 20 厘米，地下茎单轴横生，多分枝，密被柔毛，有白色乳汁。单叶对生，叶片线形，全缘，中脉隆起。伞形聚伞花序腋生，花小，黄白色，花冠钟形，5 深裂，副花冠浅筒形，上部 5 裂，裂片与花冠裂片互生，雄蕊 5，花丝短。蓇葖果纺锤形。花期 5~8 月，果期 8~10 月。分布于东北、华北、西北等地；生长于海拔 200~2000 米的山坡、沙丘或干旱山谷、荒地、田边等处。全草及果实可入药，益气、通乳。

雀瓢

118 Cynanchum thesioides (Freyn) K. Schum. var. *australe* (Maxim.) Tsiang et P.T .Li

　　萝藦科鹅绒藤属，直立半灌木，地下茎单轴横生，茎自基部多分枝。叶对生，线形，叶背中脉隆起。伞形聚伞花序腋生，花萼外面被柔毛，花冠绿白色，副花冠杯状，裂片三角状披针形，渐尖，高过药隔的膜片。蓇葖果纺锤形，种子扁平，暗褐色。花期5~8月，果期8~10月。分布于东北、西北、华北、华东等地；生长于水沟旁及河岸边或山坡、路旁的灌木丛草地上。全株含橡胶、树脂，可作工业原料；幼果可食；种毛可作填充料。

119 ▶ 四叶葎
Galium bungei Steud.

　　茜草科拉拉藤属，多年生丛生草本，高 5~50 厘米，有红色丝状根，茎 4 棱，近无毛。叶纸质，4 片轮生，卵状长圆形或线状披针形，中脉和边缘常有刺状硬毛，近无柄。聚伞花序顶生和腋生，常三歧分枝，再形成圆锥状花序，花小，花冠黄绿色或白色，无毛，花冠裂片卵形或长圆形。果近球状。花期 4~9 月，果期 5~10 月。分布于全国大部分地区；生于山地、丘陵、旷野、田间、沟边的林中、灌丛或草地。全草及根入药，可清热解毒、利尿、消肿、抗癌。

120▶ 线叶拉拉藤
Galium linearifolium Turcz.

　　茜草科拉拉藤属，多年生直立草本，高 30 厘米左右，茎具 4 角棱，有光泽。叶近革质，4 片轮生，狭带形，常稍弯，边缘有小刺毛，常稍反卷，近无柄。聚伞花序顶生，很少腋生，花小，疏散，常分枝成圆锥花序状，花萼和花冠均无毛，花冠白色，裂片 4，雄蕊 4 枚。果近球状，无毛。花期 6~8 月，果期 7~9 月。分布于东北、华北等地；生于山地草坡、林下、灌丛、草地。

121 ▶ 篱打碗花
Calystegia sepium (L.) R. Br.

　　又名宽叶打碗花。旋花科打碗花属，多年生草本，全体无毛，茎缠绕，有细棱。叶互生，三角状卵形或宽卵形，先端渐尖或锐尖，基部戟形或心形，全缘或基部稍伸展为具2~3个大齿缺的裂片，叶柄短于叶片或近等长。花单生于叶腋，苞片2，广卵形，萼片5，卵形，花冠白色或淡红色或紫色，漏斗状，雄蕊5。蒴果卵形。花期6~7月，果期7~8月。分布于东北、华北、西北、华东、华中、西南等地；生于路旁、溪边草丛、田边或山坡林缘。

122 ▶ 北鱼黄草
Merremia sibirica (L.) Hall. f.

旋花科鱼黄草属，缠绕草本，茎圆柱状，具细棱。叶卵状心形，顶端长渐尖，基部心形，全缘或稍波状，叶柄基部具小耳状假托叶。聚伞花序腋生，有1~7朵花，苞片小，线形，萼片椭圆形，近于相等，花冠淡红色，钟状。蒴果近球形。花果期5~9月。分布于东北、华北、西北、华中、西南等地；生于路边、田边、山地草丛或山坡灌丛。全草入药，治劳伤疼痛、下肢肿痛及疔疮。

123 ▶ 圆叶牵牛
Pharbitis purpurea (L.) Voigt

旋花科牵牛属，一年生缠绕草本，茎上被倒向的短柔毛。叶圆心形或宽卵状心形，3 裂，中裂片基部向内凹陷深至中脉，被硬毛，叶柄被毛。花腋生，单一或 2~5 朵着生于花序梗顶端成伞形聚伞花序，花萼 5，披针形，先端向外反曲，花冠漏斗状，紫红色、红色或白色，花冠管通常白色。蒴果近球形。花期 5~10 月，果期 8~10 月。分布于全国大部分省份；生于路边、野地和篱笆旁。栽培供观赏；种子入药，可泻水下气、消肿杀虫。

124 ▶ 南方菟丝子
Cuscuta australis R. Br.

旋花科菟丝子属，一年生寄生草本，茎缠绕，金黄色，纤细，无叶。花序侧生，少花或多花簇生成小伞形或小团伞花序，苞片及小苞片均小，鳞片状，花萼杯状，花冠乳白色或淡黄色，杯状，雄蕊着生于花药冠裂片弯缺处，比花冠裂片稍短，鳞片小，边缘短，流苏状。蒴果扁球形，成熟时不规则开裂。花期6~8月，果期8~10月。分布于全国大部分地区；寄生于田边、路旁的豆科、菊科蒿子、马鞭草科牡荆属等草本或小灌木上。种子入药，可补肝肾、益精壮阳、止泻。

125 ▶ 菟丝子
Cuscuta chinensis Lam.

旋花科菟丝子属，一年生寄生草本，茎缠绕，黄色，纤细，无叶。花序侧生，少花或多花簇生成小伞形或小团伞花序，苞片及小苞片小，鳞片状，花萼杯状，花冠白色，壶形，雄蕊着生花冠裂片弯缺微下处。蒴果球形，几乎全为宿存的花冠所包围，种子卵形，表面粗糙。花期7~8月，果期8~9月。生于东北、华北、西北、华东、西南等地；生于田边、山坡阳处、路边灌丛或海边沙丘，通常寄生于豆科、菊科、蒺藜科等多种植物上。种子入药，补肾益精、养肝明目、止泻、安胎。

126▶ 啤酒菟丝子
Cuscuta lupuliformis Krocker

　　旋花科菟丝子属，一年生寄生缠绕草本，茎粗壮，红褐色，具瘤，多分枝，无毛。聚集成断续的穗状总状花序，花萼半球形，带绿色，干后褐色，裂片宽卵形或卵形，花冠圆筒状，淡红色，柱头广椭圆形，微 2 裂。蒴果卵形。花期 6~8 月，果期 8~10 月。分布于中国东北、华北、西北等地；寄生于乔灌木或多年生草本植物上。种子可药用，功效同菟丝子，有补肝肾、益精壮阳及止泻的功能。

127 ▶ 钝萼附地菜
Trigonotis amblyosepala Nakai et Kitag.

　　紫草科附地菜属，一年生草本，高 7~40 厘米，茎基部多分枝，被短伏毛。叶具柄，叶片匙形或狭椭圆形，两面被短伏毛。花冠蓝色，喉部黄色，具 5 个鳞片状附属物，花萼 5 深裂，裂片倒卵状长圆形。小坚果卵状四面体形。花期 5~6 月，果期 6~9 月。分布于华北、河南、山东、陕西等地；生于石质山坡或溪边草地上。全草入药，具有清热、消炎和止痛的功能。

128 ▶ 附地菜
Trigonotis peduncularis (Trev.)
Benth. ex Baker et Moore

　　紫草科附地菜属，一年生草本，高5~30厘米，茎通常自基部分枝，纤细。匙形、椭圆形或披针形的小叶互生，基部狭窄，两面均具平伏粗毛。螺旋聚伞花序，花冠蓝色，花序顶端呈旋卷状。4枚四面体形小坚果。花期5~6月，果期7~8月。分布于西北、西南、华东等地；生长于海拔230~4500米的田野、路旁、荒草地或丘陵林缘、灌木林间。全草入药，温中健胃、消肿止痛、止血。

129 斑种草
Bothriospermum chinense Bunge

紫草科斑种草属，一年生草本，茎自基部分枝，高
10~30 厘米，根为直根，细长，不分枝。基生叶及茎下部叶
具长柄，匙形或倒披针形，先端圆钝，基部渐狭为叶柄，边
缘皱波状或近全缘，茎中部及上部叶无柄，长圆形或狭长圆
形，先端尖，基部楔形或宽楔形。聚伞花序，具苞片，苞片
卵形或狭卵形，花冠淡蓝色。小坚果肾形。花期 4~6 月，果
期 6~8 月。分布于华北、华东、西北等地；生于山地草坡、
平原草地及路旁，海拔 100~1600 米。全草入药，解毒消肿、
利湿止痒。

130 ▶ 狭苞斑种草
Bothriospermum kusnezowii Bunge

　　紫草科斑种草属，一年生草本，高 15~40 厘米，茎被开展的硬毛及短伏毛。基生叶莲座状，倒披针形或匙形，边缘有波状小齿，两面疏生硬毛及伏毛，茎生叶无柄，长圆形或线状倒披针形。花序长 5~20 厘米，苞片线形，花萼外面密生开展的硬毛及短硬毛，花冠淡蓝色、蓝色或紫色，钟状。小坚果椭圆形。花期 4~6 月，果期 6~8 月。分布于东北、华北、西北等地；生于山坡道旁、干旱农田及山谷林缘。

131 ▶ 黄芩
Scutellaria baicalensis Georgi

唇形科黄芩属，多年生草本，高 30~120 厘米，根茎肥厚，肉质，茎基部伏地，钝四棱形，具细条纹，近无毛。叶坚纸质，对生，披针形，全缘，下面密被下陷的腺点，叶柄短，被微柔毛。总状花序顶生，花冠紫、紫红至蓝色，二唇形，上唇盔状，雄蕊 4，稍露出，具半药，花柱细长，花盘环状，无毛。小坚果卵球形，黑褐色，具瘤。花期 7~8 月，果期 8~9 月。分布于东北、华北、西北等地；生于向阳山坡或荒地上。根入药，有清热解毒、消肿之功效。

132 ▶ 京黄芩
Scutellaria pekinensis Maxim.

　　唇形科黄芩属，一年生草本，高 15~40 厘米，茎四棱形，叶对生，茎生叶具柄，卵形，边缘具浅钝齿。花对生，排列成顶生的总状花序，花柄与花序轴密被白色柔毛，花冠蓝紫色，二唇形，雄蕊 4，二强。小坚果卵形，栗色，具瘤。花期 6~8 月，果期 7~10 月。分布于中国大部分地区；生于石坡、湿谷地或林下。栽培可观赏。

133 ▶ 夏至草
Lagopsis supina (Steph.) Ik.-Gal. ex Knorr.

唇形科夏至草属，多年生草本，茎高 15~35 厘米，四棱形，具沟槽，带紫红色，密被微柔毛。叶圆形或卵圆形，3 深裂，裂片有圆齿或长圆形犬齿，脉掌状，3~5 出，叶柄长。轮伞花序疏花，花萼管状钟形，外密被微柔毛，齿 5，不等大，花冠白色，稀粉红色，冠檐二唇形，雄蕊 4，花柱先端 2 浅裂，花盘平顶。小坚果长卵形。花期 3~4 月，果期 5~6 月。分布于东北、华北、西北、华东、西南等地；生于路旁、旷地上。云南有些地方用全草入药，功能同益母草。

134 ▶ 藿香
Agastache rugosa (Fisch. et Mey.) O. Ktze.

　　唇形科藿香属，多年生草本，茎直立，高 0.5~1.5 米，四棱形。叶对生，心状卵形至长圆状披针形，缘具粗齿，纸质，下面被微柔毛及点状腺体，具叶柄。轮伞花序组成圆筒形穗状花序，具短梗，花萼管状倒圆锥形，浅紫色，花冠淡紫蓝色，外被微柔毛，冠檐二唇形，雄蕊 4，伸出花冠。小坚果卵状长圆形，褐色。花期 6~9 月，果期 9~11 月。全国各地均有分布；生于山坡、草丛或林下。可提取香料；全草入药，有清凉解暑之功效。

135▶ 香青兰
Dracocephalum moldavica L.

　　又名臭兰香。唇形科青兰属，一年生草本，高 20~40 厘米，全株被毛。基生叶卵状三角形，缘具圆齿，具长柄，茎生叶线状披针形，叶缘具三角形牙齿。轮伞花序常具 4 花，苞片长圆形，疏被贴伏的小毛，花冠淡蓝紫色，冠檐二唇形。小坚果长圆形，光滑。花期 7~8 月，果期 8~9 月。分布于东北、华北、西北等地；生于干燥山坡、山谷、河滩及路旁。入药，可清胃肝热、止血；可提取精油；嫩叶可食。

136 ▶ 糙苏
Phlomis umbrosa Turcz

　　唇形科糙苏属，多年生草本，高50~150厘米，茎四棱形，具浅槽，疏被向下短硬毛，常带紫红色。叶近圆形或卵状长圆形，缘具齿，具叶柄，苞叶通常为卵形。轮伞花序生于主茎及分枝上，苞片线状钻形，常呈紫红色，花萼管状，外面被星状微柔毛，花4~8朵，花冠通常粉红色。小坚果无毛。花期6~8月，果期8~9月。分布于东北、华北、西北等地；生于疏林下或草坡上，海拔200~3200米。根可入药，祛风活络、强筋壮骨、消肿。

137 ▶ 细叶益母草
Leonurus sibiricus L.

唇形科益母草属，一年生或二年生草本，高 20~80 厘米，茎钝四棱形，微具槽，有短而贴生的糙伏毛。茎最下部叶早落，中部叶卵形，掌状 3 全裂，裂片呈狭长圆状菱形，其上再羽状分裂成 3 裂的线状小裂片。轮伞花序腋生，多花，花时轮廓为圆球形，小苞片刺状，花萼管状钟形，花冠粉红至紫红色，冠檐二唇形，上唇长圆形，雄蕊 4。小坚果长圆状三棱形。花期 7~9 月，果期 9~10 月。分布于华北、西北等地；生于石质及砂质草地上及松林中。

138 ▶ 丹参
Salvia miltiorrhiza Bunge

唇形科鼠尾草属，多年生草本，高 30~80 厘米，根细长，圆柱形，外皮朱红色，茎四棱形，上部分枝。叶对生，单数羽状复叶，小叶 3~5 片。顶端小叶片较侧生叶片大，小叶片卵圆形。轮伞花序项生兼腋生，花唇形，蓝紫色，上唇直立，下唇较上唇短。小坚果长圆形，熟时暗棕色或黑色。花期 4~7 月，果期 7~8 月。全国大部分地区都有分布；生于向阳山坡草丛、沟边、路旁或林边等地。根茎入药，具有活血祛瘀、通经止痛、清心除烦、凉血消痈之功效。

139▶ 薄荷
Mentha haplocalyx Briq.

　　唇形科薄荷属，多年生草本，高30~60厘米，茎直立，多分枝。叶片长圆状披针形，稀长圆形，边缘在基部以上疏生粗大的牙齿状锯齿。轮伞花序腋生，花萼管状钟形，萼齿5，狭三角状钻形，花冠淡紫，雄蕊4，均伸出于花冠之外。小坚果卵珠形，黄褐色，具小腺窝。花期7~9月，果期8~10月。全国各地均有分布；生于水旁潮湿地，海拔可高达3500米。茎和叶可食用，也可榨汁服；全草可入药，治感冒发热喉痛、头痛、目赤痛等症。

140 ▶ 紫苏
Perilla frutescens (L.) Britt.

　　唇形科紫苏属，一年生直立草本，高 0.3~2 米，茎绿色或紫色，钝四棱形，具四槽，密被长柔毛。叶阔卵形或圆形，边缘在基部以上有粗锯齿，叶柄密被长柔毛。轮伞花序 2 花，花萼钟形，萼檐二唇形，花冠白色至紫红色，冠檐近二唇形，雄蕊 4。小坚果近球形，具网纹。花期 8~9 月，果期 9~11 月。全国各地广泛栽培；紫苏适应性很强，在排水良好的砂质壤土、壤土、黏壤土等肥沃的土壤上栽培，均生长良好。可作香料；茎叶及子实可入药，叶可发汗、镇咳，梗有平气安胎之功；子能镇咳、祛痰、平喘；叶又供食用，与肉类煮熟可增加后者的香味；种子榨出的油，名苏子油，供食用，又有防腐作用，供工业用。

141 ▶ 香薷
Elsholtzia ciliata (Thunb.) Hyland.

唇形科香薷属，一年生草本，高30~50厘米，茎钝四棱形，具槽，被疏柔毛。叶卵形或椭圆状披针形，缘具齿，上面疏被小硬毛，下面散布松脂状腺点，叶柄疏被小硬毛。轮伞花序具多花，苞片宽卵圆形，花萼钟形，萼齿5，花冠淡紫色，冠檐二唇形，雄蕊4，花柱内藏。小坚果长圆形。花期7~9月，果期8~10月。除新疆、青海外，其余各省份均有分布；生于路旁、山坡、荒地、林内、河岸。地上部分入药，可发汗解暑、行水散湿、温胃调中。

142▶ 内折香茶菜
Rabdosia inflexa (Thunb.) Hara

　　唇形科香茶菜属，多年生草本，高 40~90 厘米，根状茎木质，粗壮，茎直立，多分枝，沿棱倒生具节的毛。叶具柄，叶片三角状宽卵形，两面被疏毛，缘具粗齿。圆锥花序生于茎顶端或叶腋，苞叶卵形，小苞片线状披针形，花萼钟形，萼齿 5，近相等或稍呈二唇形，花冠淡紫色或蓝紫色，冠檐二唇形，上唇外翻，雄蕊 4。小坚果卵圆形，顶端具腺点。花果期 7~9 月。分布于华北、华东及中南等地；生于山坡草地、林边或灌丛下。全草入药，可治急性胆囊炎。

143 ▶ 蓝萼香茶菜
Rabdosia japonica (Burm. f.) Hara
var. *glaucocalyx* (Maxim.) Hara

唇形科香茶菜属，多年生草本，根茎木质，上部多分枝，被疏毛。叶卵形至阔卵形，两面被疏毛和腺点。聚伞花序 2~3 朵，组成顶端的圆锥花序，花萼筒蓝色，花冠白色或蓝紫色，二唇形，上唇反折，下唇船形。小坚果。花期 6~9 月，果期 8~10 月。分布于东北、华北等地；生于山谷、林下、草坡上。全草入药，可治疗急性肝炎，也可作健胃药。

144 ▶ 碎米桠
Rabdosia rubescens (Hemsl.) H. Hara

　　唇形科香茶菜属，落叶小灌木，高 30~120 厘米，根茎木质，多须根，茎直立，褐色，四棱形，具条纹。叶对生，卵圆形或菱状卵圆形，缘具齿，脉纹常带紫红色，具叶柄。聚伞花序多至 7 花，花萼钟形，花冠紫色，冠檐二唇形，外反。雄蕊 4。小坚果倒卵状三棱形，淡褐色，无毛。花期 7~10 月，果期 8~11 月。分布于华北、华中、西北、西南、华东等地；生于山坡、灌木丛、林地、砾石地及路边等向阳处。全草入药，对急慢性咽炎、扁桃体炎均有治疗作用。

145 ▶ 日本散血丹
Physaliastrum japonicum (Franch. et Sav.) Honda

茄科散血丹属，多年生草本，高 50~70 厘米，茎分枝，被稀疏柔毛。叶草质，卵形或阔卵形，全缘而稍波状，有缘毛，两面被毛，叶柄狭翼状。花常 2~3 朵生于叶腋或枝腋，俯垂，花梗长，花萼短钟状，疏生长柔毛和不规则分散三角形小鳞片，花冠钟状，5 浅裂，雄蕊稍短于花冠筒而不伸到花冠裂片的弯缺处。浆果球状。花期 6~8 月，果期 8~9 月。分布于我国东北、河北和山东，朝鲜、日本及俄罗斯亦有；常生于山坡草丛中。栽培供观赏。

146▶ 小酸浆
Physalis minima L.

　　茄科酸浆属，一年生草本，根细瘦，主轴短缩，顶端多二歧分枝，被短柔毛。叶柄细弱，叶片卵形或卵状披针形，全缘而波状或有少数粗齿，两面脉上有柔毛。花具细弱的花梗，生短柔毛，花萼钟状，缘毛密，花冠黄色，花药黄白色。果梗细瘦，俯垂，果实球状。花期6~8月，果期7~9月。分布于华北、西南等地；生于荒山、草地及水库边。全草入药，可清热、化痰、消炎、解毒。

147 ▶ 龙葵
Solanum nigrum L.

茄科茄属，一年生草本植物，高30~120厘米，茎直立，多分枝。卵形或心形叶子互生，近全缘。夏季开白色小花，4~10朵成聚伞花序。球形浆果，成熟后为黑紫色。花期5~8月，果期7~10月。全国均有分布；生于田边，荒地及村庄附近。浆果和叶子均可食用，但叶子含有大量生物碱，须经煮熟后方可解毒；全株入药，可散瘀消肿、清热解毒。

148▶ 曼陀罗
Datura stramonium L.

　　茄科曼陀罗属，一年生草本，高 0.5~1.5 米，整株光滑，茎粗壮，圆柱状。叶互生，上部呈对生状，叶片卵形或宽卵形，有不规则波状浅裂，具叶柄。花单生于枝叉间或叶腋，直立，有短梗，花萼筒状，5 浅裂，花冠漏斗状，下半部带绿色，上部白色或淡紫色，檐部 5 浅裂，雄蕊不伸出花冠。蒴果直立，卵状，成熟后淡黄色。花期 6~10 月，果期 7~11 月。全国各地均有分布；生于田间、沟旁、道边、河岸、山坡等地方。叶、花、种子入药，可镇痉、镇痛。

149▶ 通泉草
Mazus japonicus (Thunb.) O. Kuntze

玄参科通泉草属，一年生草本，高 3~30 厘米，无毛，主根伸长，须根多数，茎直立，上升或倾卧状上升。基生叶少，有时成莲座状或早落，倒卵状匙形至卵状倒披针形，缘具齿，茎生叶对生或互生，少数，与基生叶相似或几乎等大。总状花序生于茎、枝顶端，花疏稀，花萼钟状，花冠白色、紫色或蓝色。蒴果球形，种子小而多数，黄色。花果期 4~10 月。全国各地均有分布；生于湿润的草坡、沟边、路旁及林缘。

150 ▶ 弹刀子菜
Mazus stachydifolius (Turcz.) Maxim.

　　玄参科通泉草属，多年生草本，高 10~50 厘米，整株被白色长柔毛。基生叶匙形，有短柄，茎生叶对生，上部的常互生，无柄，长椭圆形至倒卵状披针形，纸质，边缘具不规则锯齿。总状花序顶生，花稀疏，苞片三角状卵形，花萼漏斗状，花冠蓝紫色。蒴果扁卵球形。花期 4~6 月，果期 7~9 月。分布于东北、华北、华东、华中等地；生于潮湿的山坡、田野、路旁、草地及林缘。全草入药，具有清热解毒、凉血散瘀之功效。

151 ▶ 地黄
Rehmannia glutinosa (Gaetn.) Liibosch. ex Fisch. et Mey.

　　玄参科地黄属，多年生草本，高 10~30 厘米，密被灰白色柔毛和腺毛，茎紫红色。叶在茎基部集成莲座状，叶片卵形至长椭圆形，缘具不规则圆齿。总状花序，花萼钟状，萼齿 5 枚，花冠筒状而弯曲，外面紫红色，被多细胞长柔毛，花冠裂片，5 枚。蒴果卵形至长卵形。花果期 4~7 月。分布于东北、华北、西北等地；中国各地均有栽培。生于荒山坡、山脚、墙边、路旁等处。根入药，具有滋阴补肾、养血补血、凉血的功效。

152 ▶ 水蔓菁
Veronica linariifolia Pall. ex Link subsp. *dilatata* (Nakai et Kitagawa) D. Y. Hong

　　玄参科婆婆纳属,多年生草本,高50~90厘米,茎直立,茎、叶及苞片上被细短柔毛。下部叶对生,上部互生,叶片宽线形至倒卵状披针形,边缘具单锯齿。花密集于枝端,排列成穗形的总状花序,花蓝紫色,花梗具短柔毛,苞片狭线状披针形至线形,花萼4裂,裂片卵圆形或楔形,稍有毛,花冠辐射状,花筒短,裂片4,雄蕊2,突出。蒴果扁圆。花期7~8月,果期8~10月。分布于西北、西南等地;生于山坡草地、灌丛间。叶和幼苗可调食。

153 ▶ 松蒿
Phtheirospermum japonicum
(Thunb.) Kanitz

　　玄参科松蒿属，一年生草本，高 25~60 厘米，整株具腺毛，有黏性，茎直立，上部多分枝。叶对生，羽状分裂，两侧裂片长圆形，边缘具细锯齿，具短柄。花单生于叶腋，具短柄，萼钟状，5 裂，裂片叶状，长椭圆形，边缘有细锯齿，花冠筒状，二唇形，淡红色，喉部有 2 黄色条纹，边缘具纤毛。蒴果卵状长扁圆形，具细短毛。花期 7~8 月，果期 8~10 月。全国大部分地区均有分布；生于山地草坡。全草入药，可清热、利湿。

154▶ 红纹马先蒿
Pedicularis sfriata Pall.

　　玄参科马先蒿属，多年生草本，高达 1 米，根粗壮，有分枝，茎单出。叶互生，叶片均为披针形，羽状深裂至全裂，边缘有浅锯齿，具叶柄。花序穗状，伸长，稠密，苞片三角形，短于花，无毛，萼钟形，薄革质，被疏毛，齿 5 枚，花冠黄色，具绛红色的脉纹。蒴果卵圆形，种子极小，近扁平，长圆形，黑色。花期 6~7 月，果期 7~8 月。分布于我国北方诸省；生于海拔 500 米以上的高山草原及疏林中。全草入药，温肾壮阳、利水消肿。

155▶ 阴行草
Siphonostegia chinensis Benth.

　　玄参科阴行草属，一年生草本，高 30~80 厘米，干时变为黑色，密被锈色短毛，茎中空，枝对生，密被无腺短毛。叶对生，近无柄，叶片厚纸质，二回羽状全裂，裂片线形，全缘。花对生于茎枝上部，构成疏稀的总状花序，花冠上唇红紫色，下唇黄色，花管伸直，纤细。蒴果被包于宿存的萼内，约与萼管等长。花期 6~8 月，果期 9~10 月。分布于东北、华北、华中、华南、西南等地；生于干山坡与草地中。全草入药，可清热利湿、凉血止血、祛瘀止痛。

156 ▶ 旋蒴苣苔
Boea hygrometrica (Bunge) R. Br.

　　又名牛耳草。苦苣苔科旋蒴苣苔属，多年生草本。叶全部基生，莲座状，无柄，近圆形，圆卵形，两面被白色贴伏长柔毛，缘具齿，叶脉不明显。聚伞花序，每花序具 2~5 花，苞片不明显，花萼钟状，外面被短柔毛，全缘，花冠淡蓝紫色，外面近无毛，退化雄蕊 3，极小，无花盘。雌蕊不伸出花冠外。蒴果长圆形。花期 7~8 月，果期 8~9 月。分布于华东、华北、西北、西南等地；生于山坡路旁岩石上。全草药用，味甘，性温，治中耳炎、跌打损伤等。

157 ▶ 黄花列当
Orobanche pycnostachya Hance

列当科列当属，一年生寄生草本，高 10~34 厘米，整株密被腺毛，茎直立，常不分枝，黄褐色。叶为鳞片状、卵状披针形。穗状花序顶生，密生腺毛，花冠淡黄色，有时为白色，二唇形，雄蕊 4，2 强。蒴果长圆形，成熟后两裂。花期 6~8 月，果期 7~9 月。分布于东北、华北、华东等地；生于沙丘、山坡、草地；主要寄生于蒿属植物的根上。全草入药，可补肾助阳、强筋骨。

158 ▶ 透骨草
Phryma leptostachya L. subsp.
asiatica (Hara) Kitamura

　　透骨草科透骨草属，多年生草本，高 10~100 厘米，茎四棱，被短柔毛。叶对生，叶片卵状长圆形或宽卵形，草质，中、下部叶基部常下延，缘具齿，两面散生短柔毛，叶柄被短柔毛。穗状花序顶生，被微柔毛，苞片钻形至线形，花通常多数，疏离，出自苞腋，具短梗，花萼筒状，有 5 纵棱，花冠漏斗状筒形，蓝紫色、淡红色至白色，雄蕊 4。瘦果狭椭圆形。花期 6~8 月，果期 8~10 月。全国各地均有分布；生于阴湿山谷或林下。全草入药，可治黄水疮、疥疮。

159 ▶ 平车前
Plantago depressa Willd.

车前草科车前属，一年生草本，具主根，根茎短。叶基生呈莲座状，平卧或直立，叶片纸质，椭圆形或卵状披针形，边缘具浅波状钝齿，叶柄长。穗状花序，直立，苞片三角状卵形，边缘常呈紫色，花萼4裂，花冠裂片4。蒴果卵状椭圆形，种子椭圆形，黄褐色至黑色。花期5~7月，果期7~9月。分布于东北、华北、西北、西南、华东、华中等地；生于草地、河滩、沟边、草甸、田间及路旁。种子和全草入药，具有清热、利尿、凉血、祛痰功效。

160 ▶ 异叶败酱
Patrinia heterophylla Bunge

　　败酱科败酱属，多年生草本，高30~100厘米，根状茎较长，被倒生微糙伏毛。基生叶丛生，具长柄，叶缘圆齿状，不分裂或羽状分裂至全裂，具1~5对侧裂片，裂片卵形至线状披针形，茎生叶对生，茎下部叶常2~6对羽状全裂，裂片卵形或宽卵形，中部叶常具1~2对侧裂片，卵形或近菱形，具圆齿。花黄色，组成顶生伞房状聚伞花序，被短糙毛或微糙毛，萼齿5，圆波状，花冠钟形，雄蕊4伸出。瘦果长圆形或倒卵形。花期7~9月，果期8~10月。分布于东北、华北、西北等地；生于山地岩缝中、草丛中、路边、砂质坡或土坡上。根茎、根供药用，药名"墓头回"，可燥湿、止血。

161▶ 糙叶败酱
Patrinia scabra Bunge

　　败酱科败酱属，多年生草本，高 30~60 厘米。茎分枝，密被短毛。基生叶羽状浅裂，茎生叶对生，羽状深裂至全裂，裂片狭而尖锐。聚伞花序多分枝成圆锥状，花黄色，萼不明显，花冠筒状，顶端 5 裂。瘦果长圆柱状，具褐色翅状苞片。花期 7~8 月，果期 9~10 月。分布于东北、华北、西北等地；生于山坡草地、沟边灌丛、林缘。根入药，清热、止血、止疟。

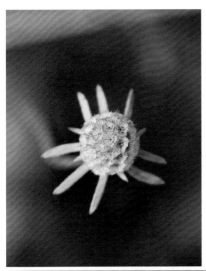

162 ▶ 华北蓝盆花
Scabiosa tschiliensis Grun.

　　川续断科蓝盆花属，多年生草本，株高 30~60 厘米。基生叶簇生，两面疏生白色柔毛，茎生叶对生，羽状深裂至全裂，近上部叶羽状全裂。头状花序在茎上部成三出聚伞状，花时扁球形，边花花冠二唇形，蓝紫色，外面密生白色短柔毛，裂片 5。瘦果椭圆形。花期 7~9 月，果期 9~10 月。分布于东北、华北、西北等地；生于海拔 300~1500 米山坡草地或荒坡上。花美丽，是优良的观赏植物资源；干花入药，可解热、抗炎、抗氧化、保护心血管系统。

163 ▶ 羊乳
Codonopsis lanceolata (Sieb. et Zucc.) Trautv.

桔梗科党参属，多年生草本，茎缠绕表面有多数瘤状茎痕，长约1米。主茎上叶互生，披针形或菱状狭卵形，细小，在小枝顶端通常2~4叶簇生，而近于对生或轮生状，叶柄短小，叶片菱状卵形或椭圆形，常全缘或有疏波状锯齿。花单生或对生于小枝顶端，花萼筒部半球状，花冠阔钟状，黄绿色或乳白色内有紫色斑，花盘肉质。蒴果下部半球状，上部有喙。花果期7~8月。分布于东北、华北、华东和中南各地；生于山地灌木林下沟边阴湿地区或阔叶林内。

164 桔梗
Platycodon grandiflorus (Jacq.) A. DC.

　　桔梗科桔梗属，多年生草本，茎高 20~120 厘米，通常无毛，不分枝，具白色乳汁。叶轮生，或上部对生和互生，叶片卵形，边缘具细锯齿。花单朵顶生，或数朵集成假总状花序，花萼钟状 5 裂片，被白粉，裂片三角形，花冠钟形，蓝色或紫色，先端 5 浅裂，雄蕊 5，柱头 5 裂，线形，反卷。蒴果球状。花期 7~9 月，果期 8~10 月。全国各地均有分布；生于山坡草地、山地林缘、灌丛。根入药，祛痰、利咽；花大而美丽，供观赏。

165 ▶ 展枝沙参
Adenophora divaricata Franch. et Sav.

又名轮叶沙参。桔梗科沙参属，多年生草本，有白色乳汁，根胡萝卜形。茎生叶 3~4 片轮生，叶片菱状卵形至菱状圆形，缘具齿，齿不内弯。花序常为宽金字塔状，花萼筒部圆锥状，花盘细长，花蓝色、蓝紫色，极少近白色。花期 7~9 月，果期 9~10 月。生于东北、华北等地；生于林下、灌丛中和草地中。根入药，养阴清热、润肺化痰、益胃生津。

166 ▶ 石沙参
Adenophora polyantha Nakai

　　桔梗科沙参属，多年生草本，高 20~100 厘米。基生叶心状肾形，缘具不规则粗锯齿，基部沿叶柄下延，茎生叶完全无柄，卵形至披针形，边缘具疏离而三角形的尖锯齿。花序常不分枝而成假总状花序，花萼通常各式被毛，筒部倒圆锥状，花冠紫色或深蓝色，钟状，花盘筒状。蒴果卵状椭圆形。花期 7~9 月，果期 8~10 月。分布于东北、华北、西北等地；生于阳坡开旷草地。

167▶ 荠苨
Adenophora trachelioides Maxim.

又名杏叶沙参。桔梗科沙参属，多年生草本，高 80~140 厘米，具白色乳汁，根胡萝卜状，茎单生，无毛。叶互生，基生叶近心形，宽超过长，茎生叶具长柄，叶片心形，缘具齿，两面近无毛。圆锥花序，花萼筒部倒三角状圆锥形，花冠钟状，蓝色、蓝紫色或白色，花盘筒状，花柱与花冠近等长。蒴果卵状圆锥形。花期 7~9 月，果期 9~10 月。分布于东北、华北、华东等地；生于山坡草地或林缘。根入药，可治疮毒、咳嗽。

168 ▶ 多歧沙参
Adenophora wawreana Zahlbr.

　　桔梗科沙参属，多年生草本，有白色乳汁，根胡萝卜状，茎通常单支，被倒生短硬毛，高达1米。基生叶心形，早枯，茎生叶互生，具柄，叶片广卵形，边缘具不整齐的牙齿状锐锯齿，两面被短硬毛。圆锥花序大，花萼无毛，裂片5，花冠蓝紫色，钟形，无毛，花盘短筒状。蒴果广椭圆形，种子棕黄色。花期7~9月，果期9~10月。分布于辽宁、河北、内蒙古、山西等地；生于山坡草地、林缘或较干旱的沟谷。根入药，养阴清热、润肺化痰、益胃生津。

169▶ 林泽兰
Eupatorium lindleyanum DC.

菊科泽兰属，多年生草本，高 30~150 厘米，茎直立，
整株被白色柔毛。下部茎叶花期脱落，全部茎叶基出三脉，
长椭圆状披针形或线状披针形，缘具齿，无柄。头状花序多
数排成大型的复伞房花序，花序枝及花梗紫红色或绿色，被
白色短柔毛，总苞钟状，含 5 个小花，苞片绿色或紫红色，
花白色或淡紫红色。瘦果黑褐色。花果期 5~10 月。除新疆外，
全国各地均有分布；生于山谷阴处水湿地、林下湿地或草原
上。枝叶入药，解表祛湿、和中化湿。

170▶ 全叶马兰
Kalimeris integrifolia Turcz. ex DC.

菊科马兰属，多年生草本，高30~70厘米，茎被细硬毛。下部叶在花期枯萎，中部叶多而密，条状披针形或矩圆形，基部渐狭无柄，全缘，边缘稍反卷，上部叶较小，条形，全部叶下面灰绿，两面密被粉状短绒毛。头状花序单生枝端且排成疏伞房状，总苞半球形，总苞片3层，覆瓦状排列，舌状花1层，20余个，舌片淡紫色，管状花花冠有毛。瘦果倒卵形。花期6~10月，果期7~11月。分布于东北、华北、西北、华东、西南等地；生于山坡、林缘、灌丛、路旁。

171 ▶ 山马兰
Kalimeris lautureana (Debx.) Kitam.

　　菊科马兰属，多年生草本，高 50~100 厘米，茎直立，具沟纹，被白色向上的糙毛。叶厚近革质，下部叶花期枯萎，中部叶披针形或矩圆状披针形，无柄，缘具齿，上部叶条状披针形，全缘，全部叶两面疏生短糙毛。头状花序排成伞房状，舌状花淡蓝色。瘦果倒卵形，淡褐色。花期 6~9 月，果期 8~10 月。分布于东北、华北、西北等地；生于山坡、草原、灌丛中。栽培供观赏。

172 ▶ 阿尔泰狗娃花
Heteropappus altaicus (Willd.) Novopokr.

　　菊科狗娃花属，多年生草本，有横走或垂直的根，茎直立，高 20~60 厘米，稀达 100 厘米。基部叶在花期枯萎，下部叶条形或矩圆状披针形、倒披针形，或近匙形，全缘或有疏浅齿，上部叶渐狭小，条形。头状花序单生枝端或排成伞房状，舌状花浅蓝紫，管状花 5 裂。瘦果倒卵状矩圆形。花期 7~9 月，果期 9~10 月。主要分布于北部地区，生于草地、山坡、路旁以及村舍附近，海拔 800 米以下。全草及根入药，清热降火、润肺止咳。

173 ▶ 狗娃花
Heteropappus hispidus (Thunb.) Less.

菊科狗娃花属，一或二年生草本，高 30~50 厘米，有时达 150 厘米。基部及下部叶在花期枯萎，倒卵形，全缘或有疏齿，中部叶矩圆状披针形或条形，常全缘，上部叶小，条形。头状花序单生于枝端而排列成伞房状，总苞半球形，总苞片 2 层，舌状花约 30 余个，舌片浅红色或白色，条状矩圆形，管状花黄色。花期 7~9 月，果期 8~9 月。分布于东北、华北、西北、华东、西南等地；生于荒地、路旁、林缘及草地。

174 ▶ 东风菜
Doellingeria scaber (Thunb.) Nees

菊科东风菜属，多年生草本，高 100~150 厘米，茎直立，被微毛。基部叶在花期枯萎，中部叶较小，卵状三角形，具短柄，上部叶小，矩圆披针形或条形，全部叶两面被微糙毛。头状花序，总苞半球形，有微缘毛，舌状花约 10 个，舌片白色，管状花檐部钟状。瘦果倒卵圆形。花期 6~8 月，果期 8~10 月。分布于中国东北部、北部、中部、东部至南部各地，生于山谷坡地、草地和灌丛中，极常见。可凉拌食用；根及全草入药，可用于治疗蛇毒。

175 ▶ 三脉紫菀
Aster ageratoides Turcz.

　　菊科紫菀属，多年生草本，高40~100厘米，根状茎粗壮，茎直立，有棱及沟，被柔毛。叶椭圆形，基部楔形，先端锐尖，缘具缺刻状疏齿，具离基三出脉。头状花序排列成圆锥伞房状，总苞倒锥状，总苞片3层，覆瓦状排列，舌状花约十余个，紫色、浅红色或白色，管状花黄色。瘦果倒卵状长圆形。花期7~9月，果期8~10月。广泛分布于全国各地。生于林下、林缘、灌丛及山谷湿地。全草入药，可清热解毒、止咳祛痰、止血。

176 ▶ 火绒草
Leontopodium leontopodioides
(Willd.) Beauv.

　　又名雪绒花。菊科火绒草属，多年生草本，高5~45厘米，地下茎短粗，茎丛生，全株密被灰白色长柔毛或白色近绢状毛。叶直立，线形或线状披针形，无鞘，无柄，边缘平，灰绿色。头状花序排列成伞房状或单生，苞叶线形，花多数，小而密集，雌雄异株。花期6~8月，果期8~9月。分布于东北、华北、西北等地；生于干旱草原、黄土坡地、石砾地、山区草地，稀生于湿润地，极常见。全草药用，可治疗蛋白尿及血尿等症。

177 旋覆花
Inula japonica Thunb.

　　菊科旋覆花属，多年生草本，高 30~70 厘米，茎单生，直立，有细沟，被长伏毛。基部叶在花期枯萎，中部叶长圆形或披针形，无柄，近全缘，上部叶渐狭小，线状披针形。头状花序排列成疏散的伞房花序，总苞半球形，舌状花黄色，舌片线形，管状花花冠有三角披针形裂片。瘦果圆柱形。花期 6~10 月，果期 9~10 月。分布于东北、华北等地；生于山坡路旁、湿润草地、河岸和田埂上。根及叶治刀伤、疔毒，煎服可平喘镇咳；花入药，可健胃祛痰。

178 ▶ 烟管头草
Carpesium cernuum L.

菊科天名精属，多年生草本，高 50~100 厘米，茎具纵条纹，多分枝，被白色长柔毛。基叶于开花前凋萎，茎生叶，具柄，叶片长椭圆形，两面均有腺点，缘具齿，上部叶近全缘。头状花序单生茎枝顶端，苞叶多枚，具短柄，密被柔毛及腺点，总苞壳斗状，雌花狭筒状，两性花筒状，向上增宽，冠檐 5 齿裂。瘦果。花期 7~8 月，果期 8~10 月。分布于东北、华北、华中、华东、华南、西南各地；生于路边荒地及山坡、沟边等处。全草入药，可清热解毒、消肿止痛。

179 ► 苍耳
Xanthium sibiricum Patrin ex Widder

菊科苍耳属，一年生草本，高20~90厘米，茎直立，少有分枝，上部有纵沟，被灰白色糙伏毛。叶三角状卵形或心形，全缘或有3~5片不明显浅裂，两面有粗毛，缘具粗齿，有三基出脉，具叶柄。头状花序顶生或腋生，雌雄同株，雄花序在上，球形，雌花序在下，卵圆形，外面有钩刺和短毛。瘦果倒卵形。花期7~8月，果期8~9月。分布于全国各地；生于荒地、山坡等干燥向阳处。其茎皮制成纤维，可作麻袋、麻绳；全株入药，祛风解毒。

180▶ 腺梗豨莶
Sigesbeckia pubescens Makino

　　菊科豨莶属，一年生草本，高 30~110 厘米，全株密被柔毛及腺毛，茎直立，上部二歧分枝。叶对生，卵形或菱状卵形，基部下延成具翅的柄，缘具粗齿，基出 3 脉。头状花序顶生，总苞宽钟状，舌状花和管状花均为黄色。瘦果倒卵圆形。花期 5~8 月，果期 6~10 月。分布于东北、华北、西北、华东、西南等地；生于山坡、山谷林缘、灌丛林下的草坪中。全草入药，可祛风湿、利筋骨、降血压。

181 ▶ 婆婆针
Bidens bipinnata L.

菊科鬼针草属，一年生草本，高30~100厘米，茎直立，钝四棱形，近无毛。茎下部叶较小，通常在开花前枯萎，中部叶具柄，三出，小叶3枚，椭圆形或卵状椭圆形，缘具齿，近无毛，上部叶小，3裂或不分裂，条状披针形。头状花序，总苞杯形，基部有柔毛，舌状花黄色，1~4朵，不育，管状花黄色，结实。瘦果长线形。花期8~9月，果期9~10月。产华东、华中、华南、西南各省地；生于村旁、路边及荒地中。全草入药，可祛风湿、清热解毒、止泻。

182 ▶ 小花鬼针草
Bidens parviflora Willd.

菊科鬼针草属，一年生草本，高 20~90 厘米，茎直立，有纵条纹，钝四方形，暗紫色。叶对生，具柄，柄腹面有沟槽，槽内及边缘有疏柔毛，叶二至三回羽状分裂，上部叶互生，二回或一回羽状分裂。头状花序单生，具长梗，总苞筒状，草质，无舌状花，盘花两性，6~12 朵，花冠筒状，冠檐 4 齿裂。瘦果条形，有小刚毛，有倒刺毛。花果期 7~10 月。分布于东北、华北、西南、西北等地；生于路边荒地、林下及水沟边。全草入药，可清热解毒、活血散瘀。

183► 三叶鬼针草
Bidens pilosa L.

　　菊科鬼针草属，一年生草本，茎直立，高30~100厘米，钝四棱形，无毛。叶对生，具长柄，叶片二至三回羽状全裂，裂片披针形。头状花序近圆柱形，具长梗，总苞片长圆形，舌状花白色，管状花黄色。瘦果线形，先端具3~4刺芒。花果期7~10月。广布于全国各地；生于路边、山坡及草地上。全草入药，健胃、止泻。

184▶ 牛膝菊
Galinsoga parviflora Cav.

　　菊科牛膝菊属，一年生草本，高 10~80 厘米，茎直立，有分枝，略被毛。叶对生，卵形或长椭圆状卵形，缘具齿或近全缘，有叶柄。头状花序，有长柄，总苞半球形，舌状花 5 个，白色，一层，管状花黄色。瘦果，黑褐色。花果期 7~10 月。分布于华北、西南等地；生长在庭园、废地、河谷地、溪边、路边和低洼的农田中。花入药，能清肝明目。

185 ▶ 粗毛牛膝菊
Galinsoga quadriradiata Ruiz et Pav.

　　菊科牛膝菊属，一年生草本，茎多分枝，具浓密刺芒和细毛。单叶对生，具叶柄，卵形至卵状披针形，叶缘细锯齿状。头状花多数，顶生，具花梗，呈伞形状排列，总苞近球形，绿色，舌状花 5，白色，筒状花黄色，多数，具冠毛。瘦果黑色。花果期 7~10 月。分布不广，数量不多，生于林下路旁。

186 ▶ 黄花蒿
Artemisia annua L.

　　菊科蒿属，一年生草本，高 100~200 厘米，植株有浓烈的挥发性香气，茎单生，有纵棱，全株无毛。叶纸质，绿色，茎下部叶宽卵形，三至四回羽状深裂，中部叶二至三回羽状深裂，小裂片栉齿状三角形，具短柄，上部叶与苞片叶一至二回羽状深裂，近无柄。头状花序球形，多数，花深黄色。瘦果小，椭圆状卵形，略扁。花果期 8~11 月。全国各地均有分布；生长在路旁、荒地、山坡、林缘、干河谷、半荒漠等处。全草入药，清热解疟、驱风止痒。

187 ▶ 歧茎蒿
Artemisia igniaria Maxim.

菊科蒿属，多年生草本，高 60~150 厘米，主根稍明显，侧根多，茎直立，纵棱明显，多分枝。叶稍厚，纸质，茎下部叶卵形，一至二回羽状深裂，具短柄，花期叶萎谢，上部叶小，近无柄，3 裂或不裂，全缘。头状花序钟形，总苞具蛛丝状毛，北部绿色，花冠狭管状，黄色。瘦果长团形。花果期 8~11 月。分布于东北、华北、西北等地；生于低海拔的山坡、林缘、草地、森林、草原、灌丛与路旁等地。全草入药，可温经、散寒、止血、消炎。

188► 野艾蒿
Artemisia lavandulaefolia DC.

菊科蒿属，多年生草本，高50~120厘米，植株有香气，茎具纵棱，整株被灰白色蛛丝状短柔毛。叶纸质，基生叶与茎叶宽卵形，二回羽状全裂，边缘反卷，具叶柄，上部叶羽状全裂，近无柄。头状花序，雌花4~9朵，花冠狭管状，紫红色，两性花10~20朵，花冠管状。瘦果长卵形或倒卵形。花果期8~10月。分布于东北、华北、西北、华东、华中等地；生于路旁、林缘、山坡、灌丛及河湖滨草地等。入药，有散寒、祛湿、温经、止血作用；可提取精油。

189▶ 蒙古蒿
Artemisia mongolica Fisch. et Bess

菊科蒿属，多年生草本，高40~120厘米，茎具明显纵棱，分枝多，近无毛。叶纸质，近无毛，下部叶卵形或宽卵形，二回羽状深裂，侧裂片2~3枚，裂片椭圆形，叶柄长，上部叶3裂或不裂。头状花序多数，无梗，总苞片密被灰白色蛛丝状毛，边缘狭膜质，花冠狭管状，紫色。瘦果小，长圆状倒卵形。花果期8~10月。分布于东北、华北和西北各地；生于中或低海拔地区的山坡、灌丛、河湖岸边及路旁等。叶入药，祛风散寒、散瘀消肿、理气安胎。

190 ▶ 白莲蒿
Artemisia sacrorum Ledeb.

菊科蒿属，草本，高50~150厘米，根稍粗大，木质，垂直，茎多数，常成小丛，褐色，具纵棱，下部木质。茎下部与中部叶长卵形或长椭圆状卵形，二至三回栉齿状羽状分裂，上部叶略小，一至二回栉齿状羽状分裂，为线形或线状披针形。头状花序近球形，下垂，排成开展的圆锥花序，花黄色。瘦果狭椭圆状卵形或狭圆锥形。花期8~9月，果期9~10月。分布于我国东北、华北、西北等地；生于干山坡、多石山地、灌木丛中。水土保持植物；可作柴烧。

191 ▶ 猪毛蒿
Artemisia scoparia Waldst. et Kit.

菊科蒿属，多年生草本，高 40~130 厘米，植株有浓烈的香气，茎红褐色，有纵纹。基部叶花期凋谢，茎下部叶与中部叶二至三回羽状全裂，每侧有裂片 3~4 枚，小裂片狭线形，茎上部叶与分枝上叶及苞片叶 3~5 全裂或不分裂。头状花序近球形，花冠狭圆锥状或狭管状，冠檐具 2 裂齿。瘦果倒卵形或长圆形，褐色。花果期 7~10 月。全国各地均有分布；生于中、低海拔地区的山坡、旷野、路旁等。幼苗、嫩茎叶入药，可清热利湿、利胆退黄。

192 ▶ 大籽蒿
Artemisia sieversiana Ehrhart ex Willd.

菊科蒿属，一年或二年生草本，高 50~150 厘米，茎纵棱明显，茎、枝被灰白色微柔毛。下部与中部叶宽卵形，两面被微柔毛，二至三回羽状全裂，稀为深裂，每侧有裂片 2~3 枚，裂片常再成不规则的羽状全裂或深裂，基部侧裂片常有第三次分裂，小裂片线形或线状披针形，上部叶及苞片叶羽状全裂或不分裂，椭圆状披针形或披针形，无柄。头状花序大，多数，在分枝上排成总状花序或复总状花序，而在茎上组成开展或略狭窄的圆锥花序，总苞片 3~4 层，近等长，花冠狭圆锥状。瘦果长圆形。花果期 6~10 月。分布于东北、华北、西北、西南等地；生于路旁、荒地、河漫滩、草原、森林草原、干山坡或林缘等。民间入药，有消炎、清热、止血之效；牧区作牲畜饲料。

193 ▶ 小红菊
Dendranthema chanetii (Lévl.) Shih.

　　菊科菊属，多年生草本，高 15~60 厘米，全株被稀疏的毛，茎直立。中部茎叶肾形、近圆形，3~5 掌状浅裂，全部裂片缘具齿，根生叶及下部茎叶与茎中部叶同形，但较小，上部茎叶椭圆形或长椭圆形，羽裂或不裂。头状花序在枝顶端排成疏松伞房花序，少有头状花序单生茎端的，总苞碟形，全部苞片边缘白色或褐色膜质，舌状花白色、粉红色或紫色。瘦果。花果期 7~10 月。分布于东北、华北、西北等地；生于草原、山坡林缘、灌丛及河滩与沟边。栽培供观赏。

194▶ 甘菊
Dendranthema lavandulifolium
(Fisch. ex Trautv.) Ling & Shih.

　　菊科菊属，多年生草本，高 30~150 厘米，茎直立，茎枝有稀疏柔毛。叶具柄，叶片卵形，一回侧裂片 2~4 对，叶片两面同色，被稀疏柔毛。头状花序在茎枝顶端排成复伞房花序，总苞碟形，无毛，舌状花黄色，舌片椭圆形。瘦果。花果期 5~11 月。分布于东北、华北、西北、华东等地；生于山坡、岩石上、河谷、河岸、荒地及黄土丘陵地。花入药，清热祛湿。

195 ▶ 楔叶菊
Dendranthema naktongense
(Nakai) Tzvel.

　　菊科菊属，多年生草本，高 10~50 厘米。茎直立，自中部分枝；茎枝被稀疏柔毛。中部茎叶长椭圆形或卵形，3~7 掌状裂。叶腋常簇生较小的叶。基生叶和下部茎叶与中部茎叶同形，但较小。上部茎叶倒卵形或长倒披针形，3~5 裂或不裂。全部茎叶有长柄，两面几无毛。头状花序在茎枝顶端排成伞房花序，极少单生。总苞碟状；舌状花白色、粉红色或淡紫色。花期为 7~8 月。分布于华北、东北等地；生于山坡、沟谷林缘、灌丛。栽培供观赏。

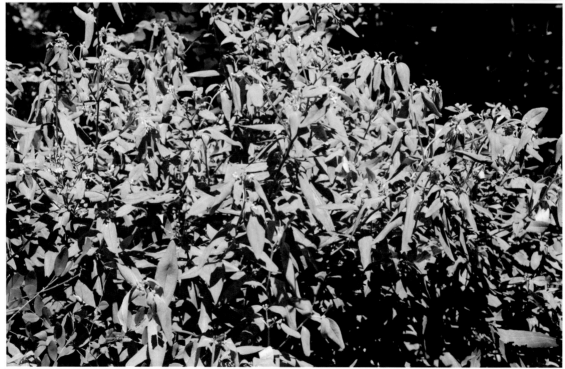

196 ▶ 兔儿伞
Syneilesis aconitifolia (Bunge) Maxim.

　　菊科兔儿伞属，多年生草本，高 70~120 厘米，根状茎匍匐，茎直立，单一，无毛，略带棕褐色。根生叶 1 枚，幼时伞形，下垂，茎生叶互生，叶柄长，叶片圆盾形，掌状分裂，直达中心，裂片复作羽状分裂，缘具齿，无毛。头状花序密集成复伞房状，顶生，总苞片 5 枚，无毛，总苞圆筒状，花两性，雄蕊 5。瘦果圆柱形。花期 7~9 月，果期 9~10 月。分布东北、华北及华东等地；生长于山坡荒地。根入药，可祛风除湿、解毒活血、消肿止痛；栽培供观赏。

197 ▶ 狗舌草
Tephroseris kirilowii (Turcz. ex DC.) Holub

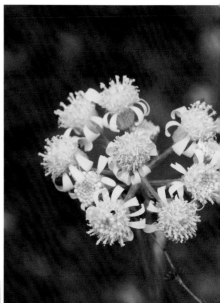

菊科狗舌草属，多年生草本，高 20~60 厘米，茎单生，直立，不分枝，整株密被白色蛛丝状毛。基生叶莲座状，长圆形或卵状长圆形，具短柄，茎生叶无柄，披针形至线形。头状花序排列成顶生伞房花序，总苞近圆柱状钟形，无外层苞片，总苞片披针形或线状披针形，舌状花黄色，长圆形，管状花多数，花冠黄色。瘦果圆柱形。花果期 5~6 月。分布于华北、西北、华东、东北等地；生于草地山坡或山顶向阳处。全草入药，可清热解毒、利尿；栽培供观赏。

198 ▶ 苍术
Atractylodes lancea (Thunb.) DC.

　　菊科苍术属，多年生草本，高 15~100 厘米，茎直立，整株被稀疏的蛛丝状毛。基部叶花期脱落，中部茎叶倒卵形或长倒披针形，具叶柄，上部的叶基部有时有 1~2 对三角形刺齿裂，全部叶质地硬，硬纸质，两面绿色，无毛，具缘毛或三角形刺齿。头状花序单生茎顶，总苞钟状，小花白色。瘦果倒卵圆状。花果期 6~10 月。分布于东北、华北、西北、西南等地；野生于山坡草地、林下、灌丛及岩缝隙中；根状茎入药，燥湿健脾、祛风散寒、明目、辟秽。

199▶ 刺儿菜
Cirsium setosum (Willd.) Bieb.

菊科蓟属，多年生草本，高 20~70 厘米，具匍匐根茎，茎有棱。茎生叶互生，无柄，椭圆形或长圆状披针形，叶缘有刺齿，两面被绵毛。头状花序单生茎端，总苞卵形、钟状，总苞片约 6 层，先端具短针刺，小花紫红色或白色。瘦果淡黄色，椭圆形，冠毛污白色。花果期 5~9 月。除西藏、云南、广东、广西外，几遍全国各地；生于撂荒地、耕地、路边、村庄附近，为常见的杂草。可作饲料；全草入药，可利尿、止血。

200▶ 泥胡菜
Hemistepta lyrata (Bunge) Bunge

　　菊科泥胡菜属，一年生草本，高 30~100 厘米。茎单生，被稀疏蛛丝毛。基生叶莲座状，有柄，叶片倒披针形或提琴状羽状分裂，正面绿色，背面被白色蛛丝状毛，茎中部叶片椭圆形，无柄，羽状分裂。头状花序在茎枝顶端排成疏松伞房花序，总苞宽钟状或半球形，总苞片多层，覆瓦状排列；小花紫色或红色，花冠裂片线形。瘦果。花果期 3~8 月。分布于全国各地；生于路旁、荒草丛中或水沟边。全草入药，具清热解毒、消肿散结之功效。

201 ▶ 飞廉
Carduus nutans L.

菊科飞廉属，二年生草本，茎圆柱形，具纵棱，并附有绿色的翅，翅有针刺。叶椭圆状披针形，羽状深裂，裂片边缘具刺。头状花序干缩，总苞钟形，黄褐色，花紫红色，冠毛刺状，黄白色，气味微弱。花果期6~10月。分布于华北、西北等地；生于山谷、田边或草地。全草及根药用，有祛风、清热、利湿、凉血散瘀的作用；嫩茎叶可食用；可作牲畜饲料。

202 ▶ 祁州漏芦
Rhaponticum uniflorum (L.) DC.

菊科漏芦属，多年生草本，高20~60厘米，主根粗壮，圆柱形，茎直立，不分枝，被白色柔毛。基生叶与茎下部叶长椭圆形，羽状深裂至全裂，缘具齿，两面被短毛，叶柄被绵毛，上部叶渐小，具短柄或无柄。头状花序单生，总苞宽钟状，总苞片多层，管状花花冠淡紫红色。瘦果矩圆形，具4棱，棕褐色。花果期6~8月。分布于东北、华北等地；生于山地草原、草甸草原、石质山坡。根药用，能排脓止血，亦能通乳、驱虫；花大而美丽，可栽培供观赏。

203 ▶ 风毛菊
Saussurea japonica (Thunb.) DC.

菊科风毛菊属，二年生草本，高 50~200 厘米，根黑褐色，茎直立，被稀疏短柔毛及金黄色小腺点。叶椭圆形，羽状深裂，全缘，具叶柄，两面有稠密的凹陷性的淡黄色小腺点。头状花序多数，在茎枝顶端排成伞房圆锥花序，总苞圆柱状，小花紫色，冠毛白色。瘦果深褐色，圆柱形。花果期 6~10 月。全国大部分地区有分布；生于高山、沟边草甸、沟边路旁、灌丛中、河谷草甸、林缘等地。全草入药，可祛风活血、散瘀止痛。

204▶ 篦苞风毛菊
Saussurea pectinata Bunge ex DC.

菊科风毛菊属，多年生草本，高 20~100 厘米，茎直立，有棱。基生叶花期枯萎，下部和中部茎叶有柄，叶片全形卵形、卵状披针形，羽状深裂，少羽状浅裂，侧裂片 4~8 对，上部茎叶有短柄，羽状浅裂或不裂而边缘全缘。头状花序数个在茎枝顶端排成伞房花序，总苞钟状，苞片卵状披针形，小花紫色。瘦果圆柱状，无毛。花果期 8~10 月。分布于华北、西北以及东北地区、生于山坡林下、林缘、路旁、草原、沟谷。栽培可观赏。

205 ▶ 大丁草
Gerbera anandria (L.)Sch.-Bip.

菊科大丁草属，多年生草本，植株具春秋二型之别，春型植株矮小，高 8~15 厘米。叶基生，莲座状，提琴状羽状分裂，下面被白色绵毛。花葶短，头状花序小，舌状花粉红色，后变白色。秋型植株高可达 30 厘米，叶大。花葶长，头状花序大，无舌状花。瘦果灰色。花果期春、秋二季，春型花期 4~6 月，果期 5~7 月，秋型花果期 7~9 月。分布于西北、西南等地；生于山顶、山谷丛林、荒坡、沟边或风化的岩石上。全草入药，祛风、止咳、解毒。

206 ▶ 华北鸦葱
Scorzonera albicaulis Bunge

　　菊科鸦葱属，多年生草本，高达120厘米，全部茎枝被白色绒毛，但在花序脱毛。基生叶与茎生叶同形，线形或线状长椭圆形，全缘，极少有浅波状微齿，基生叶基部鞘状扩大，抱茎。头状花序在茎枝顶端排成伞房花序，总苞圆柱状，总苞片约5层，全部总苞片被薄柔毛，舌状小花黄色。瘦果圆柱状。花果期5~9月。分布于东北、华北、西北、华中等地；生于山谷或山坡杂木林下或林缘、灌丛中，或生荒地、火烧迹或田间。

207 ▶ 细叶鸦葱
Scorzonera pusilla Pall.

　　菊科鸦葱属，多年生草本，高 5~20 厘米，根有串珠状变粗的球形块根，茎枝被稀疏的短柔毛或脱毛。基生叶多数，狭线形或丝状线形，钩状，基部鞘状扩大，边缘平，离基三出脉，中脉明显，茎生叶互生，常对生或几对生或有时 3 枚轮生，与基生叶同形并被同样的毛被。头状花序生茎枝顶端，总苞狭圆柱状，总苞片约 4 层，舌状小花黄色。瘦果圆柱状，冠毛白色。花果期 4~7 月。分布于华北、西北等地；生于石质山坡、荒漠砾石地、平坦沙地、半固定沙丘、盐碱地、路边、荒地、山前平原及砂质冲积平原。

208 ▶ 桃叶鸦葱
Scorzonera sinensis Lipsch. et Krasch. ex Lipsch.

　　菊科鸦葱属，多年生草本，高 5~53 厘米，根粗壮，褐色，茎直立，光滑无毛。基生叶宽卵形、线状长椭圆形至线形，具叶柄，两面光滑无毛，边缘皱波状，茎生叶少数，鳞片状，披针形或钻状披针形，半抱茎或贴茎。头状花序单生茎顶，总苞圆柱状，舌状小花黄色。瘦果圆柱状，肉红色，无毛，无脊瘤。花果期 4~9 月。分布于东北、华北、西北、华东等地；生于山坡、丘陵地、沙丘、荒地或灌木林下。根入药，可清热解毒、消炎、通乳。

209 ▶ 苣荬菜
Sonchus arvensis L.

又名取麻菜。菊科苦苣菜属,多年生草本,高 20~80 厘米,全株有乳汁,茎直立。叶互生,披针形或长圆状披针形,基部耳状抱茎,边缘浅裂,基生叶具短柄,茎生叶无柄。头状花序顶生,单一或呈伞房状,总苞钟形,舌状花鲜黄色,80 余朵,雄蕊 5,雌蕊 1。瘦果有棱。花果期 6~9 月。分布于东北、华北、西北、西南、华中等地;生于盐碱土地、山坡草地、林间草地、潮湿地或近水旁。根叶都能食用;全草入药,可清热解毒、消肿排脓、祛瘀止痛。

210▶ 苦苣菜
Sonchus oleraceus L.

　　菊科苦苣菜属，一年生草本，具乳汁，根圆锥状，茎直立，高 40~150 厘米，有纵条棱或条纹。叶柔软，无毛，长椭圆形或倒披针形，羽状深裂，边缘具不规则刺状尖齿，基部耳状抱茎。头状花序单生或在茎枝顶端成伞房花序，总苞宽钟状，总苞片 3~4 层，覆瓦状排列，舌状小花多数，黄色。瘦果褐色。花果期 5~10 月。全国各地均有分布；生于山坡或山谷林缘、林下或平地田间、空旷处或近水处。可作饲料；全草入药，能清热、凉血、解毒。

211▶ 山莴苣
Lagedium sibiricum (L.) Sojak

菊科山莴苣属，多年生草本，高 50~130 厘米，具乳汁，茎直立，常淡红紫色，无毛。中下部茎叶披针形或长椭圆状披针形，无柄，几全缘，上部叶渐小，与中下部茎叶同形，全部叶两面光滑无毛。头状花序多数呈狭圆锥状，含舌状小花约 20 枚，总苞狭筒状，舌状花淡黄色。瘦果长椭圆形。花果期 7~9 月。分布于东北、华北、西北等地；生于路旁、荒野、山坡。幼苗、嫩茎、叶可食；全草入药，清热解毒、活血祛瘀；也可作猪、禽的饲料。

212 ▶ 盘果菊
Prenanthes tatarinowii Maxim.

又名福王草。菊科福王草属，多年生草本，高90~150厘米，主根垂直，多须根，茎直立，有纵沟，上部多分枝，被短柔毛。叶互生，具长柄，叶柄长，叶卵形或心形，缘具齿，上部被疏刚毛，叶柄上常有卵形耳状小裂片。头状花序在茎顶成圆锥状，舌状花黄色。瘦果狭椭圆形，紫褐色。花期6~8月，果期9~10月。分布于华中、华北、东北等地；生于山坡林下、草丛中。

213 ▶ 苦菜
Ixeris chinensis (Thunb.ex Thunb.) Nakai

菊科苦荬菜属，多年生草本，高10~30厘米，具乳汁，茎直立，无毛。基生叶莲座状，线状披针形或倒披针形，全缘或具疏小齿或不规则羽裂，茎生叶1~2枚，基部抱茎。头状花序，多数排列成伞房状，总苞筒状或长卵形，舌状花20个左右，黄色、白色。瘦果。花果期4~6月。全国各地均有分布；生于平原荒地、路旁、山野。全草入药，能清热解毒、凉血、活血排脓；可作饲料。

214▶ 抱茎苦荬菜
Ixeridium sonchifolium (Maxim.) Shih.

　　菊科小苦荬菜属，多年生草本，高 30~60 厘米，具白色乳汁，光滑，根细圆锥状，淡黄色。基部叶具短柄，倒长圆形，缘具齿或不整齐羽状深裂，中部叶无柄，中下部叶线状披针形，上部叶卵状长圆形，全缘。头状花序组成伞房状圆锥花序，总苞圆筒形，总苞片披针形，舌状花多数，黄色，果实黑色，具细纵棱。花期 4~5 月，果期 5~6 月。分布于东北、华北、华东和华南等地；生于荒野、路边、田间地头。全株可作饲料；全草入药，清热解毒、消肿止痛。

215 ▶ 秋苦荬菜
Paraixeris denticulata (Houtt.) Nakai

菊科黄瓜菜属，多年生草本，高 30~120 厘米，具乳汁，直根根系，茎具分枝。基生叶莲座状，全部叶不分裂或羽状浅裂，两面无毛，有叶柄。头状花序多数，花托平，无托毛，舌状小花黄色或白色，舌片顶端截形，5 齿裂，花柱分枝细长，花药基部附属，箭头形。瘦果圆柱形，微扁，有 10 条高起纵肋，顶端截形，无喙，冠毛 1 层，白色，糙毛状。花果期 8~10 月。分布于东北、华北、华中等地；生于山坡、林缘、路边、田边。可作饲料。

216▶ 蒲公英
Taraxacum mongolicum Hand.-Mazz.

　　菊科蒲公英属，多年生草本，具乳汁。叶倒卵状披针形或长圆状披针形，缘具波状齿，羽状深裂，顶端裂片较大，三角状戟形，侧裂片3~5片，三角状披针形，常具齿，叶柄及主脉常带红紫色，几无毛。花葶1至数个，与叶等长或稍长，头状花序，总苞钟状，淡绿色，舌状花黄色。瘦果倒卵状披针形，暗褐色。花期4~9月，果期5~10月。广泛分布于全国各地；生于中、低海拔地区的山坡草地、路边、田野、河滩。全草入药，能清热解毒、利尿散结。

217 ▶ 藜芦
Tricyrtis maculata (D. Don) Machride

百合科油点草属，多年生草本，株高可达1米。叶互生，长圆形或椭圆形，无柄，叶基抱茎。二歧聚伞花序顶生或腋生，花疏散，花被片6，向上斜展或近水平伸展，黄绿色或淡红色，有紫斑，外轮花被片宽倒披针形，基部膨大成囊状，内轮狭披针形，雄蕊长于花被片，上部卷曲。蒴果长圆形，具3棱。花果期7~9月。分布于华北、华中、西南等地；生于山坡林下、路旁等处。全草入药，能解毒、发表、止咳。

218 ▶ 北黄花菜
Hemerocallis lilioasphodelus L.

　　百合科萱草属，多年生草本，高80~100厘米，根肥厚。叶基生排成2列，线形。花葶数个，花序分枝成总状花序或圆锥花序，具4至多朵花，苞片披针形，花淡黄色，芳香，花被漏斗状，花被片6，雄蕊6，花丝细长，黄色，花柱细长。蒴果椭圆形。花期6~8月，果期7~9月。分布于东北、西北、华北、华东等地；生于海拔500~2300米的草甸、湿草地、荒山坡或灌丛下。根可入药，利尿消肿；花为著名蔬菜，名为"金针菜"。

219 ▶ 有斑百合
Lilium concolor Salisb. var.
pulchellum (Fisch.) Regel

百合科百合属，多年生草本，高 30~70 厘米，鳞茎卵状球形，白色，鳞茎上方的茎上簇生很多不定根，茎直立，光滑无毛。叶互生，条形或条状披针形，无柄，两面均无毛，叶脉 3~7 条。花单生或数朵呈总状花序，生于茎顶端，花直立，开展，深红色，有褐包斑点，雄蕊 6 枚。蒴果矩圆形。花期 6~7 月，果期 8~9 月。分布于东北、华北等地；生于山地草甸、山沟及林缘。栽培供观赏；鳞茎可食，也可入药，有润肺化痰之效。

220▶ 山丹
Lilium pumilum DC.

百合科百合属，多年生草本，高 15~60 厘米，鳞茎卵形或圆锥形，白色，茎有小乳头状突起，有的带紫色条纹。叶互生，线形，有 1 条明显中脉。花单生或数朵排成总状花序，鲜红色，下垂，花被片反卷，花药黄色，花粉近红色，柱头膨大，3 裂。蒴果矩圆形。花期 7~8 月，果期 9~10 月。分布于东北、华北、西北等地；生于山坡草地或林缘。鳞茎含淀粉，供食用，亦可入药，有止咳祛痰、利尿等功效；花美丽，栽培供观赏，也含挥发油，可提取供香料用。

221 绵枣儿
Barnardia japonica (Thunb.) Schult. et Schult.f.

百合科绵枣儿属，多年生草本，鳞茎卵球形，下部有短根茎，数条须根，鳞茎片内面具绵毛。叶狭线形，基生，平滑，正面凹。花茎直立，先叶抽出，花序总状，苞片小，线状，花小，淡紫红色，花被6，雄蕊6，花丝基部扁平，顶尖。蒴果倒卵形，3棱。花期8~9月，果期9~10月。分布于全国大部分地区；生于丘陵、山坡或田间。鳞茎可食用；栽培供观赏。

222 ▶ 小根蒜
Allium macrostemon Bunge

百合科葱属，多年生草本，高达 60 厘米，鳞茎圆柱状，膜质。叶中空，条形，扁平，具明显的中脉，近与花葶等长。花葶棱柱状，具 2~3 纵棱或窄翅，伞形花序少花，松散，小花梗近等长，基部无小苞片，花冠钟状开展，红紫色至紫色。花期 5~7 月，果期 8~10 月。分布于东北、华北、西北、华中、西南等地；生于耕地杂草中及山地较干燥处。叶和鳞茎幼嫩时可食用，还含有大蒜氨酸等，可治痢疾、咽炎、胃炎等。

223 ▶ 野韭
Allium ramosum L.

百合科葱属，多年生草本，具横生的粗壮根状茎，略倾斜，鳞茎近圆柱形，鳞茎外皮暗黄色至黄褐色。叶三棱状条形，背面具呈龙骨状隆起的纵棱，中空，比花序短。花葶圆柱状，具纵棱，下部被叶鞘。伞形花序半球状或近球状，多花，小花梗近等长，花白色，稀淡红色，花被片具红色中脉。花果期6~9月。分布于东北、华北、西北等地；生于向阳山坡、草坡或草地上。叶可食用。

224 ▶ 细叶韭
Allium tenuissimum L.

百合科葱属，鳞茎数枚聚生，近圆柱状，鳞茎外皮膜质。叶半圆柱状至近圆柱状，与花葶近等长，光滑，稀沿纵棱具细糙齿。花葶圆柱状，具细纵棱，光滑，下部被叶鞘。总苞单侧开裂，宿存。伞形花序半球状或近扫帚状，松散，花白色或淡红色，稀为紫红色，花柱不伸出花被外。蒴果卵球形。花果期 7~9 月。分布于东北、华北、西北、华东等地；生于海拔 2000 米以下的山坡、草地或沙丘上。入药，可抗菌消炎。

225 ▶ 铃兰
Convallaria majalis L.

百合科铃兰属，多年生草本，全株无毛，高 18~30 厘米，常成片生长。叶椭圆形或卵状披针形，基生，有光泽。花冠钟状，白色，下垂，总状花序偏向一侧。浆果熟后红色。花期 5~6 月，果期 7~9 月。分布于东北、华北、西北和华中等地；生于阴坡林下或沟边。全草入药，有强心、利尿之功效；著名观赏花卉。

226▶ 小玉竹
Polygonatum humile Fisch. ex Maxim.

百合科黄精属，多年生草本，高 25~50 厘米，根状茎细圆柱形，具节。叶互生，椭圆形或长椭圆形，全缘。花序通常仅具 1 花，生于叶腋，下垂，花被白色，顶端带绿色，花被片下部合生成筒，先端 6 裂。浆果圆球形，蓝黑色。花期 5~6 月，果期 7~9 月。分布于东北、华北等地；生于林下或山坡草地。根状茎常混入"玉竹"内应用。

227▶ 热河黄精
Polygonatum macropodium Turcz.

又名多花黄精。百合科黄精属，多年生草本，根状茎圆柱形。叶互生，无柄，革质，卵形至卵状椭圆形，先端尖。花腋生，近伞房状，总花梗长 3~5 厘米，花梗长 0.5~1.5 厘米，花序具花 3~12 朵，苞片无或极微小，花被白色或带红点。浆果深蓝色。花期 7~8 月，果期 8~10 月。分布于东北、华北等地；生于林下及阴坡。根茎入药，可滋补强壮。

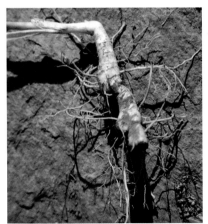

228 ▶ 玉竹
Polygonatum odoratum (Mill.) Druce

百合科黄精属，多年生草本，高 20~50 厘米。根状茎圆柱形，黄白色，茎单一。叶互生，椭圆形至卵状矩圆形，全缘，上面绿色，下面带灰白色，无叶柄。花腋生，具 1~4 花，花黄绿色至白色。浆果蓝黑色。花期 5~6 月，果期 7~9 月。分布于东北、华北、西北、华中、华东等地；生于林下或山野阴坡。根茎入药，具养阴、润燥、清热、生津、止咳等功效。

229▶ 黄精
Polygonatum sibiricum Delar. ex Redoute

百合科黄精属，多年生草本，茎高 50~90 厘米，有时呈攀缘状。叶轮生，每轮 4~6 枚，条状披针形，先端拳卷或弯曲成钩，全缘。花常 2~4 朵，似成伞形状，总花梗俯垂，花被片 6，下部合生成筒，白色，先端 6 裂。浆果球形，黑色。花期 5~6 月，果期 8~9 月。分布于东北、华北、西北、华东等地；生于山坡、草地、灌丛及林下。根状茎入药，补脾润肺、益气养阴。

230▶ 曲枝天门冬
Asparagus trichophyllus Bunge

　　百合科天门冬属，近直立草本，高 60~100 厘米，根肉质，茎光滑，上部回折状，小枝具明显的软骨质齿。叶状枝通常每 4~8 枚一簇，直立或稍弯曲，常略贴伏于小枝上，具明显的软骨质齿，叶鳞片状，极少为硬刺，分枝上的鳞片叶的距不明显。花每 2 朵腋生，单性，雌雄异株，绿黄色或稍带紫色，雄蕊 6。浆果球形，熟时红色。花期 5~7 月，果期 7~8 月。分布于东北、华北等地；生于山坡、灌丛中。块根入药，可清热化痰；曲枝奇特造型，栽培供观赏。

231 ▶ 野鸢尾
Iris dichotoma Pall.

　　鸢尾科鸢尾属，多年生草本，高达 60 厘米，根状茎为不规则的块状，须根发达。叶基生或茎生，两面灰绿色，剑形，顶端多弯曲呈镰刀形，基部鞘状抱茎，无明显的中脉。花茎实心，花蓝紫色或浅蓝色，有棕褐色的斑纹，花梗细，常超出苞片。蒴果圆柱形或略弯曲，种子暗褐色，有小翅。花期 7~8 月，果期 8~9 月。分布于东北、华北、西北、华东等地；生于砂质草地、山坡石隙等向阳干燥处。花大而美丽，可引种栽培；根入药，可清热解毒、活血消肿。

232▶ 紫苞鸢尾
Iris ruthenica Ker Gawl.

　　鸢尾科鸢尾属，多年生草本，植株基部围有短的鞘状叶，根状茎斜伸，须根粗，暗褐色。叶条形，灰绿色，顶端长渐尖，基部鞘状，有3~5条纵脉。花茎纤细，略短于叶，苞片2枚，膜质，绿色，边缘带红紫色，披针形或宽披针形，花蓝紫色。蒴果球形或卵圆形，6条肋明显。花期5~6月，果期7~8月。分布于东北、华北、西北等地；生于向阳草地或石质山坡。栽培供观赏。

233▶ 细灯芯草
Juncus gracillimus V. Krecz. et Gontsch.

灯芯草科灯芯草属，多年生常绿草本，高 25~75 厘米，簇生，根状茎横走，茎圆柱形，中空。有基生叶和茎生叶，叶线形，扁平，边缘卷曲。聚伞花序多分枝，具长的叶状总苞片，花被片 6，近等长，雄蕊 6，柱头 3 叉。蒴果卵状球形，红褐色，稍有光泽。花果期 5~8 月。分布于东北、华北、西北、华东、西南等地；生于湿草地、山沟旁湿地，是常见的湿地植物。

234 ▶ 竹叶子
Streptolirion volubile Edgew.

　　鸭跖草科竹叶子属，多年生攀缘草本，常无毛。叶具柄，叶片心状圆形或心状卵形，上面多少被柔毛。蝎尾状聚伞花序有花1至数朵，集成圆锥状，圆锥花序下面的总苞片叶状，花无梗，萼片顶端急尖，花瓣白色、淡紫色而后变白色，线形，略比萼长。蒴果。花期7~8月，果期9~10月。分布于华北、西北、中南、西南等地；生于山谷、灌丛、密林下或草地。全草入药，用于治疗过敏性皮炎、风湿病关节疼痛、皮肤感染等症。

235 ▶ 鸭跖草
Commelina communis L.

　　鸭跖草科鸭跖草属，一年生披散草本，茎匍匐生根，多分枝。叶披针形至卵状披针形，总苞片佛焰苞状，叶柄与叶对生，折叠状，展开后为心形，边缘常有硬毛。聚伞花序，花几乎不伸出佛焰苞，花瓣深蓝色。蒴果椭圆形。花果期6~10月。分布于全国大部分地区；生于路旁、田边、河岸、宅旁、山坡及林缘阴湿处。全草入药，可行水、清热、凉血、解毒；可作饲料。

236 ▶ 芦苇
Phragmites australias Trin.

　　禾本科芦苇属，多年生水生高大草本，高1~3米，根状茎十分发达，秆直立，节下被白色蜡粉。叶鞘长于其节间，叶舌边缘密生短纤毛，叶片披针状线形，无毛，顶端长渐尖成丝形。圆锥花序大型，分枝多数，着生稠密下垂的小穗，小穗无毛，含4花，基盘长丝状柔毛。颖果，长圆形。花果期7~9月。全国各地均有分布；生于江河湖泽、池塘沟渠沿岸和低湿地，多水地区常形成苇塘。可编织、造纸、制工艺品；苇叶包粽子；芦根药用，可健脾、镇呕、利尿。

237 ▶ 硬质早熟禾
Poa sphondylodes Trin.

　　禾本科早熟禾属，多年生密丛型草本，高 30~60 厘米，具 3~4 节。叶鞘基部带淡紫色，叶舌先端尖，叶片稍粗糙。圆锥花序紧缩而稠密，小穗柄短于小穗，侧枝基部即着生小穗，小穗绿色，熟后草黄色，含 4~6 小花，颖具 3 脉，先端锐尖，硬纸质，稍粗糙，外稃坚纸质，具 5 脉。颖果长约 2 毫米，腹面有凹槽。花果期 6~8 月。分布于东北、华北、华东等地；生于山坡草原干燥砂地。

238▶ 龙常草
Diarrhena mandshurica Maxim.

禾本科龙常草属，多年生草本，高 70~120 厘米，具短根状茎，须根纤细，秆直立，具 5~6 节，节下被微毛，节间粗糙。叶鞘密生微毛，叶片线状披针形，质地较薄，上面密生短毛，下面粗糙，基部渐狭。圆锥花序有角棱，基部小穗成对着生，小穗含 2~3 小花。颖果黑褐色。花果期 7~9 月。分布于东北、华北等地；生于林下或草地。优质牧草。

239 ▶ 臭草
Melica scabrosa Trin.

禾本科臭草属，多年生草本，须根细弱，较稠密，秆丛生，直立或基部膝曲，高 20~90 厘米。叶鞘闭合，无毛，常撕裂，叶舌透明膜质，叶片质较薄，扁平，干时常卷折，两面粗糙或上面疏被柔毛。圆锥花序狭窄，顶生，分枝紧贴主轴，小穗柄细而弯曲，小穗有小花 2~4，无芒。颖果褐色，纺锤形，有光泽。花果期 5~8 月。分布于华北、西北等地；生于山坡草地或路旁。可作饲料。

240 ▶ 纤毛鹅观草
Roegneria ciliaris (Trin.) Nevski

禾本科鹅观草属，多年生草本，高 40~80 厘米，秆直立，平滑无毛，常被白粉。叶鞘无毛；叶片扁平，两面均无毛，边缘粗糙。穗状花序直立，小穗通常绿色，颖椭圆状披针形，边缘与边脉上具有纤毛，外稃长圆状披针形，背部被粗毛，边缘具长而硬的纤毛，子房上端有毛。花果期 5~7 月。全国各地广为分布；生于路旁或潮湿草地以及山坡上。优质的牧草资源。

241▶ 柯孟披碱草
Elymus kamoji (Ohwi) S. L. Chen

禾本科披碱草属，多年生丛生草本。叶扁平或内卷。穗状花序顶生，直立或下垂，小穗常 2~6 枚同生于穗轴的每节，或在上下两端每节可有单生者，含 3~7 小花，颖锥形、线形以至披针形，先端尖以至形成长芒，具 3~57 脉，脉上粗糙，外稃先端延伸成长芒或短芒以至无芒，芒多少反曲。花果期 6~8 月。分布于东北、华北、西北、西南等地；多生于路旁和山坡上。优质牧草。

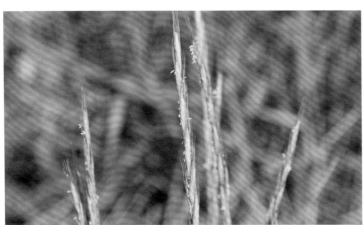

242 ▶ 北京隐子草
Cleistogenes hancei Keng

　　禾本科隐子草属，多年生草本，高 50~70 厘米，具短的根状茎。秆直立，疏丛，基部具向外斜伸的鳞芽。叶鞘短于节间，无毛或疏生疣毛，叶舌短，先端裂成细毛，叶片线形，扁平或稍内卷，两面均粗糙。圆锥花序开展，具多数分枝，小穗灰绿色或带紫色，外稃披针形，有紫黑色斑纹，内稃等长或较长于外稃。花果期 7~11 月。产于华北、西北、华东等地；生于山坡、路旁、林缘灌丛。根系发达，具有防止水土流失的作用，可作水土保持植物，亦可为优良牧草。

243 ▶ 牛筋草
Eleusine indica (L.) Gaertn.

又名蟋蟀草。禾本科䅟属，一年生草本，高 10~90 厘米，根系极发达，秆丛生。叶鞘具脊，松弛，无毛或疏生疣毛，叶片平展，线形，无毛或上面被疣基柔毛。穗状花序 2~7 个指状着生于秆顶，少单生，含 3~6 小花，颖披针形，具脊，脊粗糙。囊果卵形。花果期 6~10 月。分布于全国各地；生于村边、旷野、田边、路边。全草入药，可活血补气。

244 ▶ 虎尾草
Chloris virgata Swartz

　　禾本科虎尾草属，一年生草本，秆直立，光滑无毛。叶鞘背部具脊，包卷松弛，无毛，叶片线形，两面无毛。穗状花序 5~10 余枚，着生于秆顶，常直立而并拢成毛刷状，成熟时紫色，小穗无柄，外稃纸质，两侧压扁，倒卵状披针形。颖果纺锤形，淡黄色，光滑无毛而半透明。花果期 6~10 月。遍布于全国各地；多生于路旁荒野，河岸砂地、土墙及房顶上。可入药，祛风除湿、解毒杀虫。

245 ▶ 野古草
Arundinella anomala Steud.

禾本科野古草属，多年生草本，高60~110厘米，秆直立，疏丛生，质硬，节黑褐色，具髯毛或无毛。叶鞘无毛或被疣毛，叶舌短，上缘圆凸，具纤毛，叶片长12~35厘米，常无毛或仅背面边缘疏生一列疣毛至全部被短疣毛。花序开展或略收缩，主轴与分枝具棱，棱上粗糙或具短硬毛，孪生小穗柄无毛，第一小花雄性，约等长于等二颖，花药紫色，第二小花无芒。花果期7~10月。除新疆、西藏、青海外，全国各地均有分布；生于山坡灌丛、道旁、林缘、田地边及水沟旁。幼嫩时牲畜喜食，秆叶亦可作造纸原料。

246▶ 求米草
Oplismenus undulatifolius (Arduino) Beauv.

禾本科求米草属，多年生草本，秆纤细，基部平卧，节处生根。叶鞘密被疣基毛，叶舌膜质，短小，叶片扁平，披针形至卵状披针形，通常具细毛。圆锥花序，小穗卵圆形，被硬刺毛，颖草质，第一颖长约为小穗之半，顶端具芒，第一外稃草质，与小穗等长，雄蕊3，花柱基分离。花果期7~11月。全国各地均有分布；生于山坡疏林下。

247 ▶ 野黍
Eriochloa villosa (Thunb.) Kunth

禾本科野黍属，一年生草本，高 30~100 厘米，秆直立，基部分枝，稍倾斜。叶鞘无毛或被毛，松弛包茎，节具髭毛，叶舌具纤毛，叶片扁平，边缘粗糙。圆锥花序狭长，密生柔毛，小穗卵状椭圆形，小穗柄极短，密生长柔毛，第一颖微小，第二颖与第一外稃皆为膜质，均被细毛。花果期 7~10 月。产于东北、华北、华东、华中、西南、华南等地区；生于山坡和潮湿地区。全草入药，可治火眼、结膜火、视力模糊等症。

248▶ 马唐
Digitaria sanguinalis (L.) Scop.

禾本科马唐属，一年生草本，高 10~80 厘米，无毛或节生柔毛。叶鞘短于节间，无毛或散生疣基柔毛，叶片线状披针形，基部圆形，边缘较厚，微粗糙，具柔毛或无毛。总状花序，穗轴直伸或开展，两侧具宽翼，边缘粗糙，小穗椭圆状披针形，第一颖小，短三角形，无脉，第二颖具 3 脉，披针形。花果期 6~9 月。分布于华北、西北、西南等地；生于路旁、田野。优良的牧草资源。

249▶ 狗尾草
Setaria viridis (L.) Beauv.

禾本科狗尾草属，一年生草本，须状根，秆直立，高10~100厘米。叶鞘松弛，疏具柔毛，边缘具较长的密绵毛状纤毛，叶舌极短，叶片扁平，长三角状狭披针形，通常无毛，边缘粗糙。圆锥花序紧密呈圆柱状，直立或稍弯垂，通常绿色或褐黄到紫红或紫色，小穗2~5个簇生于主轴上，椭圆形，铅绿色。颖果灰白色。花果期5~10月。产于中国各地；生于海拔4000米以下的荒野、道旁，为旱地作物常见的一种杂草。秆、叶可作饲料，也可入药，治痈瘀、面癣。

250 ▶ 巨大狗尾草
Setaria viridis (L.) Beauv. subsp. *pycnocoma* (Steud.) Tzvel.

　　禾本科狗尾草属，一年生草本，高 60~90 厘米，基部数节具不定根。叶鞘较松，上部不太包秆，无毛，边缘具密生细长纤毛，叶舌为一圈密长纤毛，叶片线形，两面无毛。圆锥花序大，浅紫色、浅褐色、绿色，小穗密集，花序基部簇生小穗的小枝延伸而稍疏离，第二外稃背部光亮无点状皱纹。花果期 5~10 月。分布于东北、华北、西北、西南等地；生于山坡、路边、灌木林。

251 ▶ 白草
Pennisetum centrasiaticum Tzvel.

禾本科狼尾草属，多年生草本，具横走根茎，秆直立，单生或丛生，高 20~90 厘米。叶鞘疏松包茎，叶舌短，叶片狭线形。穗状圆锥花序圆柱形，主轴有角棱，具微毛或无，分枝短，小枝刚毛白色至褐紫色。颖果长圆形。花果期 7~10 月。分布于东北、华北、西北等地；多生于海拔 800~4600 米山坡和较干燥之处，喜生在山坡或路旁较干燥处，是地边、苗圃常见杂草。根茎入药，清热利尿、凉血止血。

252 ▶ 荻
Triarrhena sacchariflora (Maxim.) Nakai

　　禾本科荻属，多年生草本，秆直立，节生柔毛。叶舌短，具纤毛，叶片扁平，宽线形，边缘锯齿状粗糙，中脉白色，粗壮。圆锥花序疏展成伞房状，具 10~20 枚较细弱的分枝，小穗线状披针形，成熟后带褐色，颖膜质，边缘和背部具长柔毛，外稃稍短于颖，具纤毛。颖果长圆形。花果期 8~10 月。分布于东北、西北、华北及华东等地；生于山坡、撂荒多年的农地、古河滩及荒芜的低山孤丘上，常形成大面积草甸，繁殖力强。根、嫩芽可食用；亦是优质牧草。

253▶ 大油芒
Spodiopogon sibiricus Trin.

禾本科大油芒属，多年生草本，高90~110厘米，通常不分枝。叶片阔条形。圆锥花序顶生，总状花序2~4节，生于细长的枝端，穗轴逐节断落，节间及小穗柄呈棒状，小穗成对，一有柄，一无柄，均结实且同形，多少呈圆筒形，颖革质，具多脉，小花具长芒，芒膝曲扭转。颖果。花果期7~9月。分布于东北、华北、西北、华东；生山坡、路边、林下。嫩时为良好牧草。

254 ▶ 矛叶荩草
Arthraxon lanceolatus (Roxb.) Hochst.

　　禾本科荩草属，多年生草本，高40~60厘米，常分枝，具多节，节着地易生根。叶鞘短于节间，叶舌膜质，被纤毛，叶片披针形至卵状披针形，先端渐尖，基部心形，抱茎，边缘通常具疣基毛。总状花序2至数枚呈指状排列于枝顶，稀可单性，总状花序轴节间长为小穗的1/3~2/3，密被白毛纤毛，无柄小穗长圆状披针形，雄蕊3，花药黄色，有柄小穗披针形，雄蕊3。花果期7~10月。分布于华北、华东、华中、西南等地；多生于山坡、旷野及沟边阴湿处。

255▶ 黄背草
Themeda triandra Forsk. var. *japonica* (Willd.) Makino

又名菅草。禾本科菅属，多年生草本，高 50~150 厘米，茎圆形，具棱，光滑无毛，有时节处被白粉。叶鞘紧裹秆，背部具脊，通常生疣基硬毛，叶舌坚纸质，叶片线形，中脉显著，两面无毛，背面常粉白色，边缘略卷曲，粗糙。假圆锥花絮，总梗下面托以佛焰苞，小穗成对。颖果。花果期6~11 月。除新疆、青海、内蒙古等以外均有分布；生于海拔80~2700 米的干燥山坡、草地、路旁、林缘等处。秆叶可供造纸或盖屋；全草入药，活血调经、平肝潜阳。

256 ▶ 一把伞南星
Arisaema erubescens (Wall.) Schott.

　　天南星科天南星属，多年生草本，高 60~100 厘米，块茎扁球形，表皮黄色。鳞叶绿白色、有紫褐色斑纹，叶 1，极稀 2，叶柄长 40~80 厘米，中部以下具鞘，叶片放射状分裂，小叶 7~23 枚，放射状平展，披针形至椭圆形，无柄。肉穗花序，佛焰苞绿色，雄花具短柄，淡绿色、紫色至暗褐色，雌花柱头无柄。果序柄下弯或直立，似玉米棒，浆果红色。花期 5~7 月，果期 8~9 月。全国各地均有分布；生于林下、灌丛、草坡、荒地等地。块茎入药，可祛痰、消肿。

257 ▶ 半夏
Pinellia ternata (Thunb.) Breit.

　　天南星科半夏属，多年生草本，块茎圆球形，具须根。叶基生，2~5 枚，有时 1 枚，叶柄长，基部具鞘，叶片卵状心形至戟形，全缘单叶，老株叶片 3 全裂。肉穗花序，上雄下雌，佛焰苞绿色。浆果，熟时红色。花期 6~7 月，果期 7~8 月。广泛分布于除西北及内蒙古以外的地区；生于阴湿的砂壤地、沟谷、林缘及林下。块茎有毒，炮制后入药，开胃、健脾。

258 ► 具芒碎米莎草
Cyperus microiria Steud.

莎草科莎草属，一年生草本，高 20~50 厘米，秆丛生，稍细，锐三棱形。叶短于秆，平张，叶鞘红棕色，叶状苞片 3~4 枚，长于花序，长侧枝聚伞花序复出或多次复出，具 5~7 个辐射枝。穗状花序卵形或近于三角形，具多数小穗，小穗排列稍稀，斜展，线形，具 8~24 朵花，雄蕊 3，花药长圆形，花柱极短，柱头 3。小坚果倒卵形，三棱形，几与鳞片等长，深褐色，具密的微突起细点。花果期 8~10 月。全国各地均有分布；生于山坡、田间、水边湿地。

259 ▶ 异穗薹草
Carex heterostachya Bunge

莎草科薹草属，草本，高 20~40 厘米，茎三棱形，基部具红褐色无叶片的鞘，老叶鞘常撕裂成纤维状。叶短于秆，宽 2~3 毫米，平张，边缘粗糙，具稍长的叶鞘。苞片芒状，常短于小穗，无苞鞘或最下面的具短鞘。小穗 3~4 个，常较集中生于秆的上端，间距较短，上端 1~2 个为雄小穗，长圆形或棍棒状，无柄，其余为雌小穗，卵形或长圆形，近于无柄。雄花鳞片卵形，褐色，雌花鳞片圆卵形或卵形，中间淡黄褐色，两侧褐色。果囊斜展，宽卵形或圆卵形。花果期 4~6 月。分布于东北、华北、西北等地；生于干燥的山坡或草地，或道旁荒地。

260▶ 披针叶薹草
Carex lanceolata Boott

又名顺坡溜。莎草科薹草属，多年生草本，高 10~35 厘米，秆密丛生，纤细，斜升，扁三棱形。叶片质软，扁平，沿坡下垂。小穗 3~6 个，彼此疏远，顶生的 1 个为雄小穗，线状圆柱形，侧生的 2~5 个为雌小穗，长圆形或长圆状圆柱形。果囊明显短于鳞片，倒卵状长圆形；小坚果，倒卵状椭圆形。花期 4~5 月，果期 6~7 月。分布于东北、华北、西北、华东、西南等地；生于林下、林缘草地、阳坡干燥草地。茎叶可作造纸原料；嫩茎叶可作饲料。

参考文献

贺士元，邢其华，等 . 北京植物志 [M]. 北京 : 北京出版社，1985.

兰再平 . 北京九龙山植物名录 [D]. 北京 : 中国林业科学研究院，1985.

李凤华，聂永国，马志刚，等 . 延庆植物图鉴 [M]. 北京 : 中国林业出版社，2015.

汪劲武 . 常见野花 [M]. 北京 : 中国林业出版社，2009.

王小平，张志翔，甘敬，等 . 北京森林植物图谱 [M]. 北京 : 科学出版社，2008.

在线北京植物图志 [DB/OL]./2017-2018.

中国科学院《中国植物志》编委会 . 中国植物志 [DB/OL].1959-2004/2017-2018.

中国科学院植物研究所 . 中国数字植物标本馆 [DB/OL].2004-2015/2017-2018.

中国科学院植物研究所 . 中国植物图像库 [DB/OL].2008/2017-2018.

中国科学院中国植物志编辑委员会 . 中国植物志 [M]. 北京 : 科学出版社，2004.

朱绍文，蔡永茂，赵广亮 . 八达岭国家森林公园常见植物图谱 [M]. 北京 : 中国林业出版社，2014.

中文名称索引

拉丁学名索引